상하이

시간을 걷는 여행

상하이, 시간을 걷는 여행

초판인쇄 2019년 9월 2일
초판발행 2019년 9월 2일

지은이 김해인
펴낸이 채종준
기획 · 편집 신수빈
디자인 홍은표
마케팅 문선영

펴낸곳 한국학술정보(주)
주 소 경기도 파주시 회동길 230(문발동)
전 화 031-908-3181(대표)
팩 스 031-908-3189
홈페이지 http://ebook.kstudy.com
E-mail 출판사업부 publish@kstudy.com
등 록 제일산-115호(2000. 6. 19)

ISBN 978-89-268-9554-2 03980

상하이
역사, 예술, 문화를 찾아가는
특별한 인문 여행서

상하이

Shanghai

김해인 지음

시간을
걷는 여행

이담
Books

강남과 이규보, 그리고 상하이 근교여행

아주 오래전, 우연한 기회에 고려시대 문인 백운거사 이규보 (1168~1241)가 이십 대에 쓴 강남구유, 강남 옛 여행이란 배율시를 읽었다. 시는 이규보가 열여섯 살 되던 해 가을, 과거시험에서 떨어진 후 아버지가 일하던 수원으로 가서 열아홉 살 되던 해 봄까지 머무르며 과거를 준비하던 시절의 기억을 담았다. 이 시에서 이규보가 말한 강남은 한강의 남쪽인 수원을 의미하지만 강남이란 조어에 영감을 준 것은 당시 세계 최고의 문화와 산업발전을 성취하여 그 광휘를 온 세계에 비추던 중국의 강남이다.

당시 사람의 수명이 현대인의 반 남짓에 불과했으니 열여섯은 어엿한 성인으로 대접받던 때다. 시 전반은 당시 중국이 선도하던 세계 최고 수준의 앞선 문화를 똑같이 향유한다는 자부심을 호방하게 표현한다. 시 후반은 잘 웃는 명랑한 성격의 한 아가씨와 관련된 다양한 일화를 노래한다. 이규보와 그 아가씨는 시가 쓰인 직후 결혼했을 것이다. 이렇게 추정하는 이유는 시인 두목杜牧(803~853)의 쓰라린 실패의 일화를 인용한 마지막 구절이 이규보의 결혼과 관련되기 때문이다.

두목이 과거 준비 중일 때 지금의 저장성 후저우에서 일하던 친구의 소개로 만난 어린 기녀에게 반했다. 너무 어린 탓에 바로 결혼할 수 없었던 두 사람은 십 년 후 돌아와 청혼하기로 약속하고 헤어졌다. 두목이 약속한 십 년을 지키지 못하고 십사 년 후 후저우의 자사로 부임해 돌아오니 여자는 이미 다른 이와 결혼하여 아이 둘의 어머니가 되어 있었다. 이규보는 두목의 경험을 마지막 열 글자에 담아 자신은 그러지 않겠다고 다짐한 셈이다.

江南舊遊	강남 옛 여행
結髮少年日	머리 묶던 어린 날에
輕裝寄漢南	가벼운 차림으로 한남에 기대었거니
乘閑頻劇飮	쉴 틈을 타 종종 지독히 마셨고
遇勝輒窮探	멋진 곳을 만나서는 문득 바닥까지 뒤졌지
水共魚相樂	물에 어울려선 물고기와 같이 즐겼고
花先蝶自貪	꽃을 앞에 두곤 나비 쫓아 탐닉했네
種荷看露瀉	연씨 뿌려두고 휘늘어진 이슬 보았고

愛月訴雲含	달을 고이어 구름에 삼키우면 안타까웠지
柳玩陶潛伍	버드나무 희롱할 땐 도잠의 다섯[1]
杯傾太白三	잔을 기울일 땐 태백의 셋[2]
仙姝爭自媚	선녀 아가씨들 앞다퉈 아양을 부리니
笑臉最憐欲	웃는 얼굴 제일 예뻐 같이 보냈지
纖玉哀彈妙	섬섬옥수 애달프게 타는 소리 신묘하게 울리면
流波注視媅	흐르는 물결 지켜보며 즐겼지
金釵嬌不整	금비녀는 아리땁게 엇질렀고
羅袖弱難堪	얇은 소매는 하늘거려 어찌할 줄 몰랐었네
縹帙披琴譜	옥색비단 책으로 거문고 악보 한 질
紋楸鬪手談	오동나무에는 줄을 그어 수담으로 싸웠거니
鶯春詩思暢	꾀꼬리 우는 봄엔 시의 생각 펼쳐지고
鷄曉醉眠甜	닭 우는 새벽에는 취한 잠을 즐겼다네
久住民風熟	오래 머물러 동네살이에 익숙해졌고
佳遊客意甘	아름다운 유희에 나그네 마음은 달콤했지
江山無盡藏	강과 산은 끝이 없었거니
聲色幾年眈	목소리와 얼굴은 몇 년이나 탐했던가
往事渾成夢	지난 일들 뒤섞여 꿈이 되거니

---

1 도연명(淵明, 365~427)은 버드나무를 좋아하여 집에 다섯 그루를 심어 길렀다.

2 이백의 시 대작의 두 번째 구 '一杯一杯復一杯.'

何時更理楫	어느 때나 채비를 다시 하려나
湖州去何晚	호주 가는 데 어찌 늦을까
杜牧得無慙	두목의 부끄러움 없이 하려네[3]

이 글을 읽으며 강남이란 단어가 주는 묘한 매력에 빠져 언젠가 이규보에게 영감을 준 중국의 강남에 가서 제대로 그 문화와 사람을 겪어보리라 생각했다. 그러다가 작년 초, 회사 일로 상하이에서 6개월간 일하게 되었다. 지리적인 강남은 창장長江 남쪽 지역 중 상하이, 저장성, 장쑤성 남부, 안휘성 남부, 장시성 동북부[4]로 우리나라 속담 '친구 따라 강남 간다'와 '강남 갔던 제비가 돌아온다'에 등장하는 강남이다.

6개월간 머물며 틈틈히 돌아본 강남지역의 상하이, 저장성, 장쑤성은 엄청난 속도로 전개되는 4차 혁명을 통해 광범위한 경제발전을 이뤘고, 동시에 유구한 문화를 한층 심화 발전시켰다. 한반도와 비슷한 면적인 세 지역에는 1억 5천만 명이 살며 일인당 GDP는 2018년 기준 2만 달러에 근접한다.[5] PPP GDP로 보면 이미 우리나라와 대등한 수준까지 도달했다. 에너지 사용에서는 전기차, 전기오토바이 등 전기에너지 교통수단이 상하이 교통의 상당한 부분을 담당하며, 공유자전거를 중심으

---

3 장군방 여정집(張君房 麗情)의 기록. 호주몽(湖州夢)도 같은 일화에서 나온 고사이다.

4 위키피디아 중국어판.

5 2018 성시별 일인당 국민소득(IMF): 상하이 $20,375, 저장 $14,803, 장쑤 $17,381.

로 무동력 교통수단의 이용도 활발하여 친환경적이다. 곳곳의 공원과 녹지에서는 주말이 되면 노인들의 자유토론과 소규모의 단체 공연이 열린다. 연날리기를 비롯한 각종 전통놀이를 즐기기도 한다.

지난해 5월 20일 서울을 떠나 12월 2일 귀국할 때까지 잠깐씩 서울로 돌아온 시간을 빼면 줄곧 강남에 머무른 셈이다. 그 경험을 남겨 여러 사람과 나누는 것이 의미 있다고 생각한다. 여행에서 마주한 유형적인 문화유적과 곳곳에 새겨진 사람들의 무늬, 인문에서 받은 정서적인 경험을 모두 옮기고 싶어 그 고장 사람들이 남긴 글을 담으려고 노력했다. 여기 실린 한문 번역은 아마추어인 필자가 한 것이라 매끄럽진 못하지만 본뜻은 제대로 담았다고 생각한다. 다만 여행지에 대한 설명은 간신히 읽을 수 있는 중국어 실력으로 인터넷 사이트를 찾아서 작성한 내용이라 다소 착오가 있을 수도 있다. 그러나 빠른 시대의 변화를 생각하면 다소 무리를 해서라도 시의성을 잃지 않는 것이 중요하다고 생각한다.

1부에는 역사적으로 우리나라의 문화에 깊이 습합된 강남을 배경으로 한 예술과 관련된 여행 이야기를 담았다. 2부에는 대운하의 남쪽 종점 항저우와 운하 주변의 작은 운하도시들에 관련된 이야기를, 3부에서는 강남의 풍요로움을 바탕으로 발달한 원림건축과 문화의 결집체인 박물관에 관련된 여행을 모았다. 4부에는 근대화 이후 강남의 문화가 한국과 때로는 평행하거나, 때로는 교차해서 역사의 격랑을 어떻게 헤쳐나왔는지를, 5부에서는 미래를 향한 열린 가능성과 관련된 여행을 정리했다.

마지막으로 상하이에서 일할 기회를 준 회사 동료들, 특별한 영감을 나눠준 소중한 벗들, 몸과 마음 모두 편하도록 보살펴준 아내, 딸들과 어머니, 졸고를 기꺼이 받아 출간해준 이담북스 출판사 여러분께 고마운 뜻을 전한다.

2019년 여름 서울
김해인

목차

예술의 향기

샤오싱, 난정과 왕희지의 고향

X

군왕과 지식인을 매료한 서예의 발상지, 詞의 명작 채두봉의 고향

샤오싱

작년 11월 첫 토요일. 옛 월나라의 수도 월주였던 도시, 샤오싱紹興(소흥)에 다녀왔다. 소흥주, 서성 왕희지王羲之(303~361), 「채두봉釵頭鳳」의 시인 육유陸遊(1125~1210), 작가 루쉰魯迅(1881~1936), 현대교육의 선각자 차이위안페이蔡元培(1868~1940)의 고향이자 양명학의 창시자 왕양명王陽明(1472~1528)의 묘소가 있는 곳이다. 우리나라 도와 비슷한 규모의 지급시로 충청북도와 비슷한 면적에 오백만 명 정도가 살고 도심에는 이백만 명 정도가 산다. 유명한 대기업이 없어 상대적으로 낙후되었으나 쑤저우와 항저우만큼이나 매력이 넘치는 도시이다.

고대 월나라에 살던 사람들은 중국인과 전혀 다른 민족이다. 전설에 따르면 하나라 소강왕의 서자가 BC 2032년에 자작으로 분봉받아 현재의 샤오싱 지역인 회계에 건국한 나라이다. 하나라 시조인 우禹의 능이 회계산 아래에 있는데, 그 진위는 확실하지 않다. 2천여 년 전의 역사서 『사기 월왕구천세가』와 『오월춘추』의 기록에 따르면 4천여 년 전 멀리 떨어진 허난 지역의 하나라 우왕이 자신의 영토를 벗어나 순행하던 중 월나라에서 죽어 이곳에 묻혔고, 그 후손인 소강왕이 선조의 능이 잊힐까 걱정이 돼서 자신의 서자를 이민족의 땅인 월에 봉했다는 것이다.

越王句踐, 其先禹之苗裔, 而夏后帝少康之庶子也. 封於會稽, 以奉守禹之祀. 文身斷髮, 披草萊而邑焉.
월왕 구천은 그 선조가 우의 후예로서 하나라 소강의 서자였다. 회계에 봉해서 우의 제사를 받들게 했다. 문신과 단발을 했으며 풀과 잡목을 파내고 읍을 만들었다.[6]

이후 춘추시대에 오나라와 경쟁하며 본격적으로 중국 역사에 등장했다. 많은 고사성어가 월을 배경으로 탄생했다. 와신상담의 주인공들인 합려闔閭(?~BC 496), 구천句踐(?~BC 464), 부차夫差(?~BC 473), 손자병법을 지은 손무孫武(BC 545~BC 470), 풍운아 오자서伍子胥(?~BC 485), 서시를 보면

---

6 사기 월왕구천세가.

물고기조차 헤엄치는 것을 잊어 물에 빠졌다는 〈침어沈魚〉의 고사로 유명한 서시西施, 구천을 패자로 만든 명재상이었으나 토사구팽의 비유를 남기고 은거한 범려范蠡(517년~?)와 그의 말을 듣지 않았다가 자결의 운명에 내몰린 문종文種 등 많은 역사적 인물들이 이 땅에서 활약했다.

진한秦漢 통일왕조시대에 변방이던 월 지역은 삼국시대에는 오吳의 중심이 된다. 이후 흉노가 진晉을 멸하자 진의 지배층인 문벌귀족들을 포함한 200여만 명[7]의 한족이 흉노를 피해 북방으로부터 대거 이주하여 현재의 난징인 건업에 동진東晉(317~420)을 세운다. 그로부터 토착문화와 한족의 문화가 융합해 크게 발전한다.

왕희지는 동진의 최고 귀족 가문인 샨동山東의 낭야 왕씨 출신으로 7세에 위부인[8]에게 서예를 배웠다. 2년 후 샨동에서 현재의 샤오싱인 회계會稽로 이주하여 서예를 연마하고 집대성하여 예술의 한 장르로 확립한다. 51세던 353년 음력 3월 3일 가족과 친지 41명을 초대해 봄맞이 수계修禊 곡수유상曲水流觴 연회를 연다. 26명이 술을 마시면서 37편의 글을 짓고 자신은 즉석에서 서문을 쓰고 부쳐 문집을 완성한다. 그 서문이 난정서 또는 난정집서로 불리는, 후세인들이 왕희지에게 서성書聖이란 최고의 헌사를 올리게 한 서예사상 최고의 걸작이다. 자신이 시인이기도 했으므로 난정서의 문장은 함축적이고 유려하며 유가와 노장, 특

---

7 케임브리지 중국사.

8 진의 여류 서예가 위삭(衛鑠, 272~349).

히 장자의 철학을 곳곳에 담고 있어 그의 사상적인 깊이를 알 수 있다.

蘭亭集序 난정집서

永和九年, 歲在癸丑, 暮春之初, 會于會稽山陰之蘭亭, 脩稧事也.

영화[9]9년 해는 계축, 늦은 봄의 처음, 회계 산음현의 난정에 모여, 수계

를 모셨다.

羣賢畢至, 少長咸集.

뭇 현인들이 다 왔으니 젊은이와 노인이 모두 함께했다.

此地有崇山峻領, 茂林脩竹 ;

이 땅엔 높은 산과 험준한 봉우리, 무성한 숲과 대숲이 있다.

又有淸流激湍, 映帶左右,

또 맑은 시내와 여울이 있어 물그림자가 좌우를 둘렀으니

引以爲流觴曲水, 列坐其次.

내를 끌어 들여 잔을 띄워 물로 구비치게 하고는 차례대로 벌려 앉았다.

雖無絲竹管弦之盛, 一觴一詠,

비록 현과 관의 성대함은 없지만 한 잔을 마시고 한 번을 읊으니

亦足以暢敘幽情.

역시 족한 것은 막힘 없는 베풂과 그윽한 정이다.

---

9 동진 목제(穆帝)의 첫 번째 연호. 345년에서 356년까지 12년 동안 사용.

　　　　　　　　　　　　상하이, 시간을 걷는 여행

是日也, 天朗氣淸, 惠風和暢.

이날은 하늘은 빛나고 공기는 맑았으며 은혜로운 바람은 따스하고 부드러웠다.

仰觀宇宙之大, 俯察品類之盛.

우러러 우주의 커다람을 보고 굽혀 만물의 왕성함을 살폈다.

所以遊目騁懷, 足以極視聽之娛,

그런 까닭에 눈으로 노닐고 마음을 달려 넉넉히 보고 듣는 즐거움을 다하니

信可樂也.

정말 기쁘기 그지없다.

夫人之相與, 俯仰一世,

무릇 사람은 서로 함께하고 굽어보고 우러르며 한 세상을 사나니

或取諸懷抱, 晤言一室之內 ;

혹은 마음속에 품은 생각과 깨달은 말씀을 한 칸 방 안에서 나누고

或因寄所託, 放浪形骸之外.

혹은 주어서 맡긴 바에 기대 몸밖으로 나가 방랑한다.

雖趣舍萬殊, 靜躁不同,

비록 가지고 버리는 것이 만 가지로 다르고 고요함과 시끄러움은 같지 않으니

當其欣於所遇, 暫得於己, 快然自足,

뜻이 맞아 기껍거나 자신에게 맞는 때를 당하면 우쭐하여 자족하고

不知老之將至：及其所之旣倦,

노년이 닥치는 것을 모르고 급기야 따분해한다.

情隨事遷, 感慨係之矣.

마음은 일이 변하는 것에 따라 억울하고 슬픈 마음으로 이어지고

向之所欣, 俯仰之間, 已爲陳迹,

방금 전에 기꺼워하던 바가 잠깐만에 묵은 자취가 되니

猶不能不以之興懷.

오히려 그로서 감회를 일으키지 않을 수 없다.

況脩短隨化, 終期於盡.

하물며 길고 짧음[10]도 조화를 따르니 마침내 때는 끝에 이른다.

古人云："死生亦大矣."[11] 豈不痛哉!

옛사람이 말하길 죽음과 삶은 역시 크다 하였으니 어찌 아프지 않을까

每攬昔人興感之由, 若合一契.

옛사람이 느낌을 일으킨 까닭을 알게 될 때마다 짝이 하나로 맞는 듯

未嘗不臨文嗟悼, 不能喩之於懷.

과연 글을 대하면 안타깝고 슬퍼 마음에 담을 수가 없다.

固知一死生爲虛誕,

---

10 수명의 길고 짧음을 의미한다.

11 장자 제5편 덕충부에서 공자가 한 말.

　　　　　　　상하이, 시간을 걷는 여행

확실히 아는 것은 '죽음과 삶이 하나'라는 말은 허망하며

齊彭殤爲妄作.[12]

'오래 살고 일찍 죽는 데 차이가 없다'는 말은 함부로 지은 말이다.

後之視今, 亦由今之視昔, 悲夫!

뒤에 지금을 보는 것은 또한 지금에 옛적을 보는 것을 따를 것이니, 슬프다!

故列敍時人, 錄其所述,

그리하여 지금 사람들의 이름을 적고 그 지은 바를 남기니

雖世殊事異, 所以興懷, 其致一也.

비록 세대가 바뀌고 일이 달라져도 마음을 일으키는 까닭은 결국 하나

後之攬者, 亦將有感於斯文.

후세에 보는 사람도 이 글에서 또한 느낌이 있을 것이다.

송나라시대에 이르면 문학이 더욱 발전해 남송 사대가 중 한 사람인 육유와 같은 걸출한 시인을 배출한다. 육유는 애국 시인으로 유명한데 그의 시사 중 가장 사랑받는 것은 못 이룬 사랑 이야기를 담은 「채두봉釵頭鳳」이다. 채두봉은 육유와 그의 첫 아내 당완唐琬의 안타까운 사연을 담은 사詞[13]다. 어려서 결혼한 두 사람은 함께 술을 마시고 시를 짓는 행

---

12 중국 상나라시대에 800년을 넘겨 살았다는 전설상의 인물 팽조.

13 당나라 때 발생해서 송나라 때 크게 유행했다. 민요에 가사로 붙여 부르던 운문이다.

복한 신혼을 보냈으나 이를 못마땅하게 여긴 육유의 어머니가 두 사람을 강제로 이혼하게 하여 육유는 왕 씨와 재혼하고 당완은 조사정이란 사람과 재혼한다.

십 년 뒤인 1155년 봄, 객지를 떠돌다 귀향한 육유는 친구들과 함께 샤오싱의 유명한 원림인 심씨원에 갔다가 봄나들이 나온 당완 부부와 우연히 만나게 된다. 두 사람은 짐짓 그저 아는 사이인 양 가볍게 인사하고 술과 음식을 나누고 헤어진다. 육유는 비통한 감회를 견딜 수 없어 담장에 글을 남겼는데, 이를 알게 된 당완 또한 화답하는 詞를 육유에게 보낸다.

釵頭鳳	비녀머리 봉황
紅酥手	발그레 고운 손
黃藤酒	등나무 꽃 노란 술
滿城春色	고을 가득 봄빛
宮牆柳	어여쁜 담 버들
東風惡	샛바람 거칠어
歡情薄	기쁜 마음은 잠깐
一懷愁緒	하나로 품은 그리움
幾年離索	몇 년이나 떨어져 찾았나
錯錯錯	틀렸어

春如舊	봄은 낡았고
人空瘦	그대는 헛되이 여위어
淚痕紅浥	눈물 자국 붉게 젖어
鮫綃透	수건에 배었는데
桃花落	복숭아꽃 떨어진
閑池閣	쓸쓸한 연못 누각
山盟雖在	산 같은 맹세 있다 한들
錦書難託	비단글로도 보내기 어려워라
莫莫莫	그만

당완의 답사

世情惡	뭇 정은 나쁘고
人情薄	인정도 박하니
雨送黃昏	황혼에 뿌린 비에
花易落	꽃은 쉬이 졌다네
曉風乾	새벽바람에 말려봐야
淚痕殘	눈물자국은 그대로라
欲箋心事	마음을 적고 싶어
獨倚斜欄	홀로 난간에 기대네
難難難	어려워라 어려워라

人成個	그대는 따로
今非昨	지금은 어제가 아니니
病魂常似	병든 마음 닮은 건
秋千索	그네 줄
角聲寒	호각 소리 차가우니
夜闌珊	밤 깊어가고
怕人詢問	누가 물어볼까 봐
咽淚裝歡	눈물 삼키고 기쁜 척
瞞瞞瞞	속였구나 속였구나

채두봉은 나중에 60자 詞의 대표작으로 인정받는 사패詞牌가 된다. 詞의 내용으로 보아 두 사람이 심씨원에서 재회할 때 당완은 이미 쇠약한 상태였고 상심으로 더욱 건강이 나빠져 재회한 다음 해에 죽었다. 이 詞에 등장하는 황등주는 유명한 소흥주紹興酒로 중국 역사 소설이나 무협지에 빠지지 않고 등장하는 술이다. 우리나라 청주와 같은 발효주로 3천 년 전 월나라에서 빚기 시작했다고 전해진다. 찹쌀을 주원료로 만드는 13도 정도의 술로 따뜻하게 데워먹으면 일품이다. 상하이에 체류하면서 반주로 한두 잔씩 마셨다. 열 가지 남짓을 마셔본 듯하다. 각기 맛이 독특해서 우열을 논하기는 어려우나 회계, 소흥, 함형, 화주 등의 브랜드가 맛이 좋았다. 숙성기간은 숙성하지 않은 것, 3년, 5년, 8년, 10년으로 차이가 있다. 역시 숙성기간이 길수록 맛있긴 하나 숙성하지 않은

것도 맛있으니 굳이 숙성기간을 따질 필요는 없겠다.

시의 제목인 채두봉은 육유의 집안에 내려오는 신물信物로 육유와 당완이 약혼할 때 징표로 사용했다고 한다.[14] 십 년 만에 당완을 재회했으니 그 쓰라린 마음은 말로 다할 수 없었을 것이다.

44년 후인 1199년 고향에 돌아와 심원을 찾아간 육유는 당완에 대한 그리움을 담아 칠언절구 시 두 편을 쓴다. 지독하고 끈질긴 사랑이다.

沈園 其一   심원 1

城上斜陽畫角哀   성 위로 빗긴 해 피리소리 슬프고
沈園非復舊池臺   심원 옛 못 누대는 돌아오지 않았네
傷心橋下春波綠   가슴 아린 다리 밑엔 봄 물결이 푸르고
曾是驚鴻照影來   옛 날랜 기러기 물 위로 어리어 오네

沈園 其二   심원 2

夢斷香消四十年   꿈 끊어지고 향 사라져 사십 년
沈園柳老不吹綿   심원 버들은 늙어 꽃솜도 불지 않네

---

14 육유와 당완의 이야기는 유극장(劉克莊, 1187~1269)의 후촌시화(後村詩話)에 처음으로 실렸는데 여기에는 육유와 조사정이 이종사촌 관계로 나온다.

此身行作稽山土   이 몸 가서 회계산의 흙이 되면

猶弔遺蹤一泫然   오히려 우리 자취 슬퍼하여 눈물 흘리리

근대의 샤오싱은 근대화의 선각자인 차이위안페이蔡元培와 작가 루쉰魯迅 등 걸출한 인물들을 배출한다. 왕희지, 차이위안페이와 루쉰의 집은 2km 내에 모여 있어 30분 정도면 걸어가기 충분하다.

난정蘭亭, 서예의 성지

현재의 난정은 샤오싱 시내 왕희지의 옛집에서 남서쪽으로 14km 정도 떨어진 곳이다. 40년 전에 읽은 324자 짧은 글인 난정서가 나를 여기로 이끌었다. 난정서를 쓸 당시를 재현한 동상도 운치 있게 자리 잡았다.

난정 입구에서 난정으로 가는 길은 고즈넉하다. 난정 유적은 상당 부분 1869년에 중건된 것이 남아 있지만 대부분 문화대혁명 때 홍위병들에 의해 파괴된 것을 다시 이어 붙여서 복원했고, 조경은 새로 만들어졌다.

　　왕희지가 거위를 아껴 애완용으로 키웠다는 사실을 기려 후세에 아
지鵝池라는 연못을 파고 거위를 기른다. 아지는 거위 연못을 의미하는데
鵝자는 왕희지의 글씨, 池자는 그의 아들 왕헌지의 글씨여서 '부자비'라
부른다. 전설을 살펴보면 왕희지가 집 앞 연못에서 거위를 길렀는데, 그
연못에 鵝池란 이름을 붙이고 현판 글씨를 쓰기로 준비하고 나서 鵝자
를 썼을 때 마침 황제의 칙지가 도착했다. 왕희지가 붓을 놓고 복명하자
옆에 있던 일곱째 아들 왕헌지王獻之(344~386)가 기다리지 못하고 池자를
완성했다는 것이다. 현재의 鵝池碑는 1869년 난정을 중건할 때 건립했
고 연못은 1986년 전설을 재현하여 조성했다.

아지鵝池 옆으로는 강희제康熙帝(1654~1722)의 어제 난정비가 있다. 문화혁명의 참화를 입은 난정비는 홍위병에게 크게 세 조각으로 박살이 났다. 몇 년이 지난 후 조각을 다시 모아 붙인 게 이 비석인데 亭자는 온전하지 못하다. 이곳 출신 작가 루쉰은 1907년에 저술한 「문화편지론文化偏至論」에서 '대중'의 의견이 오도될 때 나타나는 해악을 정확하게 예견하고 지적했다.

思鵝大羣以抗禦, 而又飛揚其性, 善能搖憂, 見異己者興, 必借衆以陵寡, 託言衆治, 壓制乃尤烈於暴君.

비둘기의 큰 무리를 대항해서 막는다는 걸 생각해보면 그 날아오르는 성질이 쉽게 들떠서 소란을 잘 피우므로, 의견이 다른 사람이 나타나면 반드시 무리를 빌려 소수를 억압하며 대중 정치라는 구실을 붙이는데, 그 압제는 곧 폭군보다 더욱더 심하다.

중국에 나타난 현상이 중국만의 현상은 아니므로 대중에 의한 혼란 또는 대중에 영합하는 지도자에 대한 경계는 어디서나 필요하다. 인류 역사에서 그런 사례를 얼마나 많이 봐왔던가. 왕희지가 수계를 행한 장소를 중국에선 곡수유상曲水流觴이라 칭하는데, 우리나라에선 유상곡수라 부른다. 경주 포석사의 원본인 셈이다. 수계는 삼월 삼짇날 이름난 강가에 모여 겨우내 쌓인 나쁜 기운을 씻어내면서 한 해 농사가 잘되기를 기원하는 제사다. 곡수유상 앞에는 유상정이 있다.

왕희지의 사당인 왕우군사王右軍祠의 이름은 그의 생전 벼슬인 우군을 따서 지어졌다. 사면이 연지로 둘러싸였으며 청나라 강희제 때인 1698년에 짓고 1896년에 중수했다. 샤오싱 시내의 왕희지 옛 집터에는 붓을 빨아 물빛이 검어져 묵지墨池라고 불리는 연못이 있다. 그 이름을 본떠 사당 앞 연못을 묵지라고 부른다. 연못 한가운데 묵화정墨華亭과 절묘한 조화를 이뤄 그윽한 느낌을 만들어낸다. 묵지 위로 다리를 놓아 정자로 건너가고 정자 중앙에 서예를 베푸는 서탁을 두어 운치를 더한다.

묵화정에서 다리를 건너면 왕우군사의 본전이다. 본전 안에는 왕희지의 조상을 모셨다. 중국에서는 신위를 모시는 한국과 달리 조상을 모시는 경우가 많다.

양쪽 벽에는 강희제가 쓴 난정서 임서본이 네 개의 편액에 나뉘어 걸려 있다. 마지막 편액의 왼쪽에서 두 번째까지가 난정서이고 마지막 줄에 강희 계유년 봄에 임서했다고 밝혔다. 청나라의 문화적 역량이 그리 가볍지만은 않다.

난정 밖의 경치가 참 수려하다. 왕희지가 수계를 여기서 열게 된 것은 이 경치 때문이다. 안개 낀 산하가 운무에 싸여 멋들어지게 펼쳐진다. 어비정御碑亭의 비석은 강희제가 임서한 난정서를 앞면에, 그의 손자인 건륭제가 난정에 들러 쓴 「난정즉사蘭亭即事」 시의 친필을 뒷면에 새긴 비석이다. 조손이 다 서예에 일가를 이루었다.

어제비는 조손비祖孫碑로 불리는데, 부자비父子碑로 불리는 아지비와 쌍을 이룬다. 운치 있는 사람들이다.

임지18항臨池十八缸은 왕희지가 아들 왕헌지에게 글씨를 연습하도록

18개의 항아리와 습자전을 배열하여 만든 장치이다. 18개 물항아리마다 바둑판 만한 습자전習字塼을 하나씩 배치해서 18개 습자전을 모두 채울 때까지 서예를 수련하도록 안배했다. 그 앞에는 클 太 한자를 크게 새긴 석비가 있는데 왕헌지가 서예를 배울 때 있었던 일화를 담았다.

어느 날 왕헌지는 아버지가 만든 18개 항아리 중 3개만 쓰고 연습을 마치고는 몇 글자를 써서 아버지에게 평을 해달라고 청했다. 왕희지가 그중 큰 大자를 골라 점을 하나 찍어서 클 太로 만들어 어머니에게 보여드리라고 했다. 왕헌지가 어머니께 보여드리자 "우리 아들이 글씨를 열심히 공부하더니 이제 점 하나는 제대로 쓰는구나"라고 했다. 이후 왕헌지는 깨달음을 얻고 더욱 정진해 아버지에 필적하는 명필이 된다.

무엇을 시키기보다는 왕희지처럼 본인이 본을 보이는 것이 가장 큰 가르침이다. 부모 노릇하기 참 어렵다. 바깥으로 나가니 랑교가 있다. 난정서의 한 구절을 딴 유목빙회교이다. 遊目聘懷, 마음껏 보고 마음을 펼치다. 다리를 건너가면 신가락야비信可樂也碑가 보인다. 참으로 즐겁다는 뜻으로 유목빙회 구절과 상응한다.

샤오싱의 도자기를 소개하고 판매하는 월요를 지나면 서예박물관이 나타난다. 반드시 들러야 하는 곳이다. 고향이 샨동인 왕희지는 그곳에서 일곱 살부터 위부인에게 서예를 배운다. 그가 위대한 서예가가 될 수 있었던 데에는 여성인 위부인에게서 사사한 것에서 큰 영향이 있었다고 본다. 흉노가 서진西晉(266~316)을 침공해 전란이 발생한 311년 그는 아버지를 따라 샨동에서 이민족의 땅인 회계로 이사한다. 그의 조국인 진은 317년 흉노에게 멸망당한다. 북방에서 자란 그의 경험은 더욱 넓고 깊어진다. 왕희지의 사후 300년 뒤 당태종 이세민(598~649)이 난정서에 빠져 모략과 사술로 차지해서는 자신의

부장품으로 묻었다. 대신 다섯 서예가에게 임서를 명한다. 그 임서의 임서들이 생산돼서 동아시아 각 지역으로 퍼졌다. 이세민 본인의 일생을 그대로 투사한 행위다. 탐욕과 공익의 절묘한 조화이다. 이 박물관에는 다섯 서예가 중의 한 사람인 저수량褚遂良(596~658)의 모본을 전시한다.

난정서에 등장하는 갈지자는 모두 모양이 다르다. 이를 보면 난정서는 현장에서 쓰였되 즉흥적으로 쓰인 것은 아니다. 오랜 시간 구상한 후 수계회에서 한달음에 써 내려갔으리라. 난정의 전경을 새긴 벼루는 중국인의 난정에 대한 사랑을 잘 보여준다. 박물관을 둘러보니 다섯 시. 시간이 이십 분 남았다. 어차피 계획했던 왕양명 묘소도 문을 닫을 시간이니 유목빙회교를 보느라 건너뛴 호수와 정자를 감상하러 간다. 아무도 없다. 이십 분간 아무도 없는 난정을 호젓하게 혼자 걸었다.

사실 왕희지가 난정서를 쓴 난정의 정확한 위치는 아무도 모른다. 난정서가 쓰인 후 몇몇 학자들이 기록을 남겼고 그에 근거해 후대에 지어진 후 몇 번에 걸쳐 옮겨졌다. 두 번째 오래된 기록이 송나라 때 악사

樂史(930~1007)가 지은 지리서인 『태평환우기太平寰宇記』에 인용되어 전하는 고야왕顧野王[15](519~581)이 쓴 『여지지輿地志』의 한 구절이다.

> 山陰郭西有蘭渚, 渚有蘭亭, 王羲之謂曲水之勝境, 制序於此
>
> 산음현 서쪽 변두리에 난저호수가 있는데 호수에 난정이 있다. 왕희지
> 가 곡수의 승경이라 부르고 거기에서 序를 지었다.

난정에서 버스를 타고 시내로 들어왔다. 왕희지의 옛 마을인 서성고리書聖古里, 슈셩구리에 가기 위해서다. 운하를 지난다. 허름한 시골도시 동네인데 요란한 징과 꽹과리 소리가 들려 가보니 누군가 죽어 그 영혼을 위로하는 위령제이다. 토요일 여섯 시가 조금 넘었는데 상가의 불이 대부분 꺼져 있다. 사회주의 국가이다 보니 휴일인 토요일 저녁에 문을 연 상점은 많지 않다. 왕희지의 고향 마을에는 필비롱筆飛弄이란 골목이 있다. 어린 왕희지가 붓을 던지자 붓이 여기까지 날아왔다고 한다. 골목 안에는 필비롱의 유래를 설명하는 안내판이 있고 한글 설명도 실렸다. 필비롱 옆으로 차이위

---

15 남조 梁晉왕조 때 관리로 오군 오현(현재의 쑤저우) 출신 훈고학자이자 사학자이다.

안페이 광장이 있고 광장 한쪽에는 차이위안페이가 그림에 화제로 붙인 시가 새겨져 있다. 그림은 도야공陶冶公(1886~1962)이란 사람의 의뢰로 어느 평범한 화가가 샤오싱의 풍경을 열폭에 그린 〈월주명승도〉이다. 도야공이 차이위안페이에게 화제를 부탁한다.

故鄕盡有好湖山　고향에는 좋은 호수 산이 다 있는데

八載常縈魂夢間　팔 년 동안 늘 얽혀 혼은 꿈속에 있었네

最羨臥遊若有術　가장 부러운 건 술법을 가진 듯 누워 노니는 것

十篇妙繪若循環　열 편 신묘한 그림이 도돌이 같구나

오른쪽 골목은 필비롱으로 이어지는 서성고리 입구이고 은은한 황금빛 조명으로 장식했다. 차이위안페이 고향집은 절강성의 문화재로 잘 관리되고 있다. 벽에는 칠보무늬의 일종인 전보錢寶 장식이 아름답다.

차이위안페이 집을 지나 왕희지의 집쪽으로 동네 향약이 적힌 대문

台門 공약이 있다. 대문은 친족거주지를 이루는 샤오싱의 독특한 풍습으로 주가대문周家台門, 진가대문秦家台門처럼 성을 붙이기도 하고 장원대문壯元台門, 탐화대문探花台門처럼 관직 이름을 붙이기도 한다. 율곡이 부러워한 향약은 본바닥인 중국에선 아직도 끈질기게 살아 있다. 근처에는 3천 년의 역사를 자랑하는 황주를 빚는 술도가 중의 하나인 월양공방越釀工坊이 있고 그 앞으론 관광객들을 위한 인력거가 다닌다.

왕희지의 옛집 바로 옆 건물 벽에는 왕희지가 사안謝安(320~385)과 사만謝萬(320~361)에게 보낸 편지를 옮겨 놓았는데, 후세사람들이 첩으로 만들어 이사첩二謝帖이라 불렀다. 기개 있는 선비로 유명한 두 형제는 둘 다 320년에 태어났으니 왕희지보다 열일곱 살이나 어리다. 우리나라 개념으로는 하오체로 보는 게 적당하다. 아마 딸을 소개하고 싶었던 모양이다.

二謝帖　　　　　이사첩

二謝面未比面　두 분 사선생의 얼굴을 요즘 아직 보지 못했소.

遲諑良不靜　　질책을 기다리니 참으로 불안하오.

羲之女愛再拜　희지의 딸이 절을 하고 싶어 한다오.

想邰兒悉佳　　태아를 생각하면 모두 좋소.

前患者善　　　전에 아팠던 것은 좋소.

所送議當試尋省　보내준 바는 상의하고 마땅히 조사하여 살피겠소.

左邊劇.　　　　왼쪽은 심하게 아프오.

　二謝帖은 후대에 일본으로 건너가 왕실 보물창고인 정창원에 보관되다가 810~824년경에 유실된다. 다시 팔백 년이 지나 후수미後水尾왕(1611~1680) 때 누군가가 책으로 된 왕희지의 작품을 구해서 왕에게 진상한다. 후수미왕은 그 책을 세 권으로 나눠 두 권은 본인이 갖고, 한 권은 여덟째 아들인 후서後西(1638~1685)에게 주었다. 그 후 후수미왕이 보관하던 두 권은 불에 타 없어지고 이후 일본왕이 된 후서가 보관하던 한 권만 남아서 전한다. 그 한 권에 담긴 왕희지의 글이 상란첩喪亂帖, 이사첩二謝帖, 득시첩得示帖이다. 이사첩이 적힌 벽서 옆으로 그가 붓을 씻던 묵지가 남아 있고 그 앞의 옛 집터에는 절이 들어섰다. 뒷산에는 그를 기념하는 문필탑이 있다. 샤오싱의 밤하늘에서 홀로 빛나는 건축물이다.

상하이로 돌아가는 기차는 오후 8시 43분이다. 버스를 타고 기차역으로 간다. 샤오싱의 버스는 우리나라 지하철처럼 개찰한다. 샤오싱 북역에 열 시간 만에 돌아왔으니 나들이로는 꽤나 긴 하루였다. 샤오싱은 사흘 정도 시간을 내서 돌아보면 적당하겠다.

2

한산사와 풍교

×

선시의 정수 한산시와 당시의 걸작 풍교야박이 쓰인 곳

한산寒山과 습득拾得, 그리고 장계張繼

7월부터 폭염이 시작됐다. 나들이하기에는 무리가 많은 상하이의 여름이다. 22일에는 종일 비가 내리고 기온이 낮다고 예보돼 쑤저우로 기차 나들이나 가볼까 하고 상하이역으로 갔다. 20여 년 전 어머니께서 청나라 화가 나빙羅聘[16](1733~1799)의 한산습득 초상화 사본을 집으로 가져오셨다. 그 내용이 아주 현대적이라 신기해하며 한산습득에 대해 알아보기로 했다. 한산이 살던 한산사에 관한 글을 읽다가 장계의 시 「풍

---

16 우리나라에서는 박제가(1750~1805)와의 우정이 깊은 것으로 유명하다.

교야박」이 한산사 근처에서 쓰였다는 것을 알게 되었다. 언젠가 쑤저우에 가보리라 생각하게 된 동기이다.

한산과 습득, 그들의 스승 풍간豐干, 세 사람은 당 정관 연간(627~649)에 천태종의 발상지인 천태산 국청사의 승려로 있었다. 소탈하고 마냥 즐거운 언행과 자유롭고 아름다운 선시를 통해 부처의 참된 가르침을 드러내는 것으로 이름을 떨쳤다. 한산은 국청사 근처 한암에 기거하며 한산자란 이름을 얻었고, 습득은 국청사의 승려 풍간이 주워다 길러서 습득이란 이름을 얻었다. 두 사람은 서로 교유하며 더욱 이름을 날렸다.

한산과 습득의 시를 읽어보면 그들이 어떤 역경을 겪으며 선의 세계에 접근했는지 짐작할 수 있다. 당시 사람들은 그들의 태도에서 인생의 진면목을 보았을 것이다. 나중에 풍간의 치료로 병에서 낫게 된 태주台州의 관리 여구윤呂丘胤이 이들의 시를 모아 시집으로 편찬했는데 각 시에는 제목이 없다. 다음은 그중 하나[17]인 오언율시이다.

少小帶經鋤	어려서 작았을 땐 경서를 끼고 호미질
本將兄共居	처음부터 형과 같이 살았으니
緣遭他輩責	만나는 사람마다 꾸짖고
剩被自妻疎	게다가 제 아내마저 떠났네
抛絕紅塵境	버리고 끊었다네 욕망의 티끌 세상

---

17 寒山詩集 111.

常遊好閱書	늘 노닐어 책 읽기 좋아하네
誰能借斗水	누가 물 한 말 빌려주면
活取轍中魚	바퀴자국 속 물고기를 살리리라

시에서 유추해보면 한산이 어릴 때 부모는 일찍 돌아가셨다. 형에게 의탁해 살면서 농사일을 하는 중에도 책 읽기를 게을리하지 않았지만 다른 사람들의 질책을 받은 점으로 보아 외모는 보잘것없었다. 성인이 돼서는 과거에 실패하고 급기야 이혼까지 당해 모든 것을 포기하고 싶었지만 책 읽기를 낙으로 삼고 견뎠다. 그러나 그 모든 단점에도 불구하고 미尾련에서 보여주듯 약자에 대한 사랑이 차고 넘쳤던 사람이다. 그 사랑으로 하여 만인의 기억 속에 남았을 것이다.

한산이 이혼 후 속세를 버리고 은거한 한암은 저장성 타이저우시 천태산의 제일 큰 동굴로 높이는 15m, 너비는 48m, 길이 78m이다. 송나라 때의 대서예가 미불이 이 동굴에 潛眞이란 글자를 남겼다. 동굴 앞에는 천연 암석으로 된 거북과 뱀이 지키고 있으며, 한산은 동굴 입구의 연좌석이란 큰 돌 위에 앉아서 좌선했다.

『고존숙어록古尊宿語錄』에 남은 한산과 습득의 대화이다.

寒山問曰: "世間有人謗我, 欺我, 辱我, 笑我, 輕我, 賤我, 惡我, 騙我, 該如
何處之乎?"

한산이 물었다: "세간에 사람이 있어 나를 비방하고, 나를 속이고, 나를 욕하고, 나를 비웃고, 나를 가볍게 보고, 나를 천대하고, 내게서 빼앗는데, 어떻게 해야 할까?"

拾得答曰: "只需忍他, 讓他, 由他, 避他, 耐他, 敬他, 不要理他, 再待幾年, 你且看他."

습득이 대답했다: "그저 그를 참고, 그에게 양보하고, 그를 피하고, 그를 따르고, 그를 견디고, 그를 존경하면 되지. 그를 이해하려 하지 말고, 다시 몇 년 기다리면 너는 또 그를 보겠지."

한산사는 6세기 초 양무제 때 묘리보명탑원妙利普明塔院으로 창건됐다. 현재 이름인 한산사는 한산자가 이 절에 주지로 온 후 사람들이 그 이름으로 부르면서 전해졌다고 한다. 나는 사람들이 자신들의 소망을 전설로 만든 이야기라고 생각한다. 한산과 습득의 전설을 남긴 사람이 큰 절의 주지였다는 것을 사실로 믿기 어렵다.

『전당시全唐詩』[18]에 실린 한산의 또 다른 시는 사람들이 인생을 어떻게 보았는지 잘 보여준다. 이들의 사상은 알게 모르게 동아시아 전역에 심대한 영향을 주었다.

---

18 강희 44년(1705)에 팽정구 등 10인이 2,200여 명이 지은 48,900여 수를 모아 편찬했다.

有酒相招飮	술이 있으면 서로 불러 마시고
有肉相呼吃	고기가 있으면 서로 불러 먹을 것
黃泉前後人	황천의 앞뒤에 있는 사람들아
少壯須努力	젊어선 모름지기 힘써 일하는 것
玉帶暫時華	옥대는 잠시의 화려함
金釵非久飾	금비녀는 오래지 않아 삭을 것이니
張翁與鄭婆	장할아버지와 정할머니
一去無消息	한번 가더니 소식 없더라

한산과 습득이 한산사의 선풍을 크게 진작하고 나서 백여 년이 지나 장계張繼[19]가 한산사 옆의 유명한 풍교에서 머무르며 풍교야박을 읊는다. 그 배경은 이렇다. 양양 출신의 장계는 753년에 진사에 급제하지만 대과에는 낙제한다. 그가 장안에 머무르던 755년, 안사의 난이 발발해 장안이 함락되고 그 이듬해 늦은 가을, 장계는 전란을 피해 쑤저우로 오게 된다. 풍교에 도착한 밤에 쓴 시가 걸작 「풍교야박」이다.

楓橋夜泊	楓橋에 밤배를 대어놓고

月落烏啼霜滿天	달 기울고 까마귀 우니 서리 하늘에 가득 차고

---

19 唐代 시인. 천보 12년(753) 진사급제, 홍주(洪州, 장시성 난창시) 염철판관으로 일했다.

상하이, 시간을 걷는 여행

江楓漁火對愁眠　　강둑 단풍나무 고깃배 등불은 마주 서 잠 못 이루네

姑蘇城外寒山寺　　고소성 밖엔 한산사가 있으리라

夜半鐘聲到客船　　한밤 종소리는 뱃머리에 울리고

　　이 시를 쓸 때 장계는 안사의 난을 피해 운하를 통해 쑤저우에 막 도착한 참이었다. 낙심한 마음, 전란으로 인한 불안감, 가을이라는 계절, 고깃배 불빛, 한밤중의 종소리가 주는 묘한 감흥이 합해져 「풍교야박」이란 걸작을 만들어냈다. 천시, 지리와 인재가 모두 맞아 떨어진 천재일우의 순간이다. 첫 구에서 달-시각, 까마귀-청각, 서리-촉각으로 시작하여 승구에서 단풍나무와 등불-시각과 잠 못 이루는 감정을 묘사한다. 셋째 구에서는 그 감정을 고소성-시각과 한산사-추리로 확대한 다음 넷째 구에서 한밤-시각, 종소리-청각, 뱃머리-촉각으로 마무리한다. 나는 이 시를 읽고 "과연 절에서 한밤중에 종을 칠까?" 하는 의문이 들었다. 학자들이 고증한 바로는 밤중에 사찰에서 종을 치는 것이 송나라 때까지는 일반적이었다고 한다.

쑤저우 여행-한산사와 풍교

　　간략하게 기차표 사는 법을 검색하고 갔는데도 의외로 복잡하다. 역사 내에 있는 자동매표기는 중국인의 두 가지 신분증만 인식이 가능해 외국인은 발권이 불가능하다. 공안에게 구글 앱으로 번역해서 물으니 역사를 마주 보고 오른쪽으로 300m를 가면 매표소가 있다고 노트패드

로 보여준다. 매표소에선 모든 창구가 장사진이다. 포기하려다가 줄을 서서 확인해보기로 했다. 핸드폰 메모장에 행선지를 쑤저우, 원하는 왕복시간대를 오전 11시 30분~오후 8시로 적고는 여권과 함께 매표원에게 보여줬다. 중국에서 기차표를 살 때는 신분증이 필수다. 매표원이 내민 스크린에는 고속철(G)은 매진, 일반열차(K)는 자리가 남았고 언뜻 보니 한 시간 십 분 정도 걸린다. 좋다 하니 출력해준다. 쑤저우 왕복 기찻값이 29위안이다. 100km 남짓 거리이니 저렴한 편이다. 고속철도는 25분 걸리고 찻값은 왕복 80위안 정도로 역시 싸다. 기차표엔 여권번호와 여권상의 이름이 기재된다. 오른쪽 위에 후차실(대합실) 정보가 있다.

역사 본건물의 후차실에서 기다렸다가 기차에 타니 옆좌석에 귀여운 젊은 사내아이가 앉는다. 학생인지 물었더니 쑤저우 산업단지에서 일하는 직장인이란다. 필담으로 이런저런 얘기를 하다 보니 1시간 5분만에 쑤저우에 도착했다. 점심은 역에서 가까운 와이포쟈(外婆家, 외할머니집)라는 체인식당에 들러 넉넉하게 볶음밥, 새우, 마파두부를 먹었다. 2시 10분에 택시를 타고 한산사로 갔다.

정문은 서쪽인데 나는 동문으로 들어섰다. 평범한 문을 지나 들어가면 관음봉이라 음각한 괴석, 영롱석이 나타난다. 단순한 바위에 산 이름을 붙인 중국인들의 조경 감각은 남다르다. 관음봉 뒤로 선원이 있다. 추운 겨울날씨 때문에 2층 이상의 전통건축물이 거의 없는 한국과 달리 강남지역에는 2층 전통건축물이 흔하다. 옛 건물은 태평천국의 난으로 1860년에 모두 불탔고 현 건물들은 1906년에 중건되었다.

한산사 중앙에는 5층으로 된 보명보탑이 아름다운 자태를 뽐낸다. 한산사의 옛 이름이 묘리보명탑원이었으니 보탑이 절의 본당인 셈이다. 보탑 안에는 불상들이 봉안돼 있고 보탑을 둘러싼 연못에는 잉어와 붕어가 살고 있어 사람들이 보고 즐거워한다. 행복한 풍경이다.

탑을 둘러싼 회랑에는 장계의 풍교야박을 다양한 서체로 담은 비갈들이, 강희제 연간에 한산사와 관련된 역사적 가치를 지닌 비갈 열 개를 따로 보관하기 위해 지은 비랑도 있다. 악비岳飛(1103~1142)가 쓴 비갈도 있다고 해서 열심히 찾았지만 찾지 못했다. 악비는 소작농 출신으로

어려서 병법과 무술을 익히고 20살에 사병으로 입대해 대금전쟁에서 무공을 세워 32세에 절도사가 된다. 이후 금의 침공을 회수淮水에서 성공적으로 막아 중국의 영웅으로 칭송받지만 군벌들 간의 갈등을 군제개편으로 해결하려던 진회秦檜(1090~1155)와 갈등을 빚다가 모함을 받아 39세에 처형당한다. 69년 후 악왕鄂王으로 추봉되고 충무忠武로 추증받아 세칭 악왕 또는 악충무왕으로 불린다.

鄂은 현재 후베이 지역의 별칭이니 금의 침략을 저지한 악비에 대한 중국인들의 고마운 마음을 짐작할 수 있다. 우리나라의 충무공 이순신만큼이나 중국에서 사랑받아왔다. 어쩌면 우리나라의 충무공이란 시호가 악비의 경우를 염두에 둔 시호가 아닐까 하는 생각이 든다. 다만, 다민족국가임을 표방하는 현대중국에서는 현재 중국 영토 내의 전쟁인 송과 금의 전쟁에서 주전파를 대표한 악비에 대한 평가가 예전과 같을 수는 없다. 한족 중심의 민족주의를 표방했던 중화민국시대와 비교하여 현저히 낮아지고 있다고 한다. 진회에 대한 평가도 다소 달라져 진회부부의 동상을 두고 지나다니는 사람마다 침을 뱉던 예전과 같은 극악한 평가는 덜한 듯하다.

대웅전은 의외로 규모가 아담하다. 경내에는 일본에서 제작하여 기증했다는 당나라 양식의 동종이 있다. 히로부미가 이 종을 만들게 된 경위를 써서 새겼다고 한다.

姑蘇寒山寺, 歷劫年久, 唐時鐘声, 空於張継詩中伝耳. 嘗聞寺鐘転入我邦,

今失所在, 山田寒山搜索尽力, 而遂不能得焉. 乃将新鋳一鐘齎往懸之.

고소의 한산사는 역사가 오래되어 당시의 종소리가 장계의 시에서 울

려 귀에 전하니 듣기에 절의 종이 우리나라에 들어왔다 하는데 지금 소

재를 잃어버려 야마다 한산이 찾는 데 힘을 다했으나 찾을 수 없어 이

에 새로이 종 하나를 주조하여 가서 종을 걸려 합니다.

일본 역시 불교국가로 많은 승려들이 강남 지역에 유학한 탓에 가르
침의 연원을 이 지역에 두고 있는 절이 많다. 또한 장계의 시는 일본에
서 가장 인기가 높은 한시다. 메이지 유신 이후 많은 일본인들이 한산사
에 순례차 왔는데 장계의 시에 등장하는 한산사의 옛 종이 왜구의 약탈
로 사라졌다는 말을 듣게 된다. 그중 야마다 한산山田寒山이란 승려는 큰
충격을 받고 한산사의 옛 동종을 찾아 일본 각지를 다녔지만 찾지 못했
다. 대신 이 종을 주조하여 1914년에 기증하게 된다. 종루에 걸린 종은
1906년 절을 중건할 때 새로 주조하여 봉안한 동종이다.

대웅전 오른쪽의 나한전은 좀 더 화려하다. 봉안된 나한들의 표정은
모두 사실적이고 개성 있게 표현되었다. 한국의 경우 나한상의 인물묘
사는 상당히 추상적이다.

한산과 습득 두 사람이 마시던 한습천이란 우물도 있다. 그 옆의 정
자는 백 년 안팎의 근세에 지어졌지만 천장이 예사롭지 않다. 정자 안에
놓인 박산로는 남북조시대에 처음으로 샨동의 명산 박산의 형상을 본

떠 만든 이래 계속 만들어온 향로다. 우리나라의 백제금동대향로는 박산로 중 최상품이다. 중국의 양식을 도입해서 청출어람을 만들어냈다. 한습전寒拾殿 안에는 한산 습득을 묘사한 상을 모셨다. 머리를 기른 쪽이 한산이겠다.

사람들이 모여 불경을 정성스레 사경하는 사경실은 기대하지 못했던 풍경이다. 이념을 넘어 행복을 추구하려는 인간의 보편적인 갈망이며, 배타적인 태도를 거부하는 어떤 종교라도 존경받아 마땅하다.

한산사 북문을 나와서 길 건너 대종원大鍾園으로 간다. 20위안짜리 입장권으로 한산사와 대종원 두 군데를 모두 볼 수 있다. 대종원은 풍교야박의 마지막 연을 기리기 위해서 2005년에 따로 지어졌다. 그때 조성

상하이, 시간을 걷는 여행

된 108톤짜리 대종은 높이 8.5m, 최대직경 5.2m로 종의 몸에 불경의 왕
이라 일컫는 묘법연화경 전문, 비천상, 고한산사 명문을 양각으로 주조
했다. 현대기술에 대한 중국인들의 자부심을 엿볼 수 있다.

　대종원 범음각 뒤편에는 시인 장계의 시비가 있다. 대종과 함께
2002년 기공하여 5년의 대역사 끝에 2007년 준공된 장계 시비는 높이
15.9m, 무게 400톤으로 289자의 비문를 담은 전 세계를 통틀어 가장 큰
기념비다. 그야말로 압도적인 규모지만 시의와는 맞지 않는다는 게 내
생각이다.

　시비의 앞면에는 풍교야박, 뒷면에는 불교의 핵심 가르침을 요약한
'공즉시색 색즉시공'으로 유명한 〈반야바라밀다심경般若波羅蜜多心經〉이
새겨져 있다. 윗부분에는 아홉 마리의 용을 조각했다. 대종원에서 풍교

楓橋를 가려는데 안내표지가 없어서 대종원 기념품점에서 물어 찾아갔다. 한산사에서 풍교진楓橋鎭 섬으로 들어가는 강촌교 위에서 남동쪽을 보면 운하가 멀리 펼쳐진 진풍경이 나타난다. 왼쪽이 한산사가 있는 육지, 오른쪽이 풍교진의 중심인 섬마을 어은촌漁隱村이다.

　풍교진은 수나라 때 생긴 섬 안에 세워진 운하도시로 그 안에는 오극의 무대로 쓰는 오문고운희대吳門古韻戱臺가 있다. 용마루에는 용과 봉황의 형상을 올려 화려한 장식성을 부여했고 앞으로 팔작지붕을 겹으로 만들어 무대의 입체적인 느낌을 더했다. 오극은 옛 오나라의 전통공연예술이고 이곳 쑤저우는 주 문왕의 백부와 중부가 기원전 1096년에 이민족의 땅에 세운 옛 오나라의 중심지이다.[20] 애석하게도 나는 상하이에서 지낸 6개월간 전통공연예술을 접할 기회를 갖지 못했다.

섬 안에는 아름다운 소품과 풍경이 가득하다. 나루 쪽으로 가다가 만난 자기로 된 연지는 유려한 곡선과 화사한 문양으로 연꽃을 보듬는다. 도자기의 나라다운 솜씨이다. 연지에서 건너다 보면 한산사 쪽 주택가이다. 집집마다 작은 부두를 갖췄지만 배는 드문드문 정박돼 있다. 아마도 이제는 쓰임을 잃은 듯하다.

내가 한산사에서 풍교진으로 건너온 다리인 강촌교 근처는 무지개 다리, 단풍나무, 집들이 어우러져 아름답다. 장계가 배를 대고 잠을 청한 곳인 야박처는 여전히 고즈넉하다. 15년 동안 와보고 싶었던 풍교는 오랜 시간 내가 생각했던 대로 물그림자와 더불어 꿈과 같다. 오른쪽으로 풍교진을 방어하는 철령관鐵鈴關이 어렴풋이 보이고 그 오른쪽 멀리 보명탑이 보인다. 강촌교는 풍교와 마찬가지로 당나라 때 처음 지어진 다리이니 장계가 시를 짓던 당시에도 지금 자리에 있었을 것이다.

---

20 사기 오태백세가(鳴太伯世家).

풍교는 야간에 통행이 금지된 이유로 봉교封橋로 불렸는데 장계의 시가 유명해진 이후 풍교로 바뀌었다. 강촌교는 강희 45년(1707)에 현지인 정문환程文煥이 발기해 여러 사람이 출연하여 중건된 이후 여러 차례 중수된다. 중국의 유명한 다리는 한국과 마찬가지로 현지인들이 출연하여 중건한 사례가 많다. 이는 월천공덕의 전통을 공유하기 때문일 것이다.

야박처 옆에는 시심에 잠긴 장계를 형상화한 동상이 있다. 풍교 위에서 본 야박처는 아늑한 느낌이다. 장계는 쑤저우의 피난 생활을 마치고 몇 년 후 홍주洪州 지방관직을 맡아 일하며 시작詩作을 계속했는데 후

세에 남아 있는 것은 50여 수 정도에 그친다.

야박처에서 곧바로 직진하면 경홍도鷘虹渡란 나루터 터미널이 나온다. 놀라운 무지개 항구쯤으로 해석할 수

있겠다. 경항운하의 주요 나루 중 하나다. 최근에 복원되었으나 건축물의 구체적인 형상에 대한 근거가 확실하지 않은 듯하다. 운하는 사방으로 멀리 뻗어 나간다. 지금도 경항대운

하로는 1,000톤급의 큰 배가 다니며 쑤저우 물동량의 상당 부분을 담당한다. 창장연안에 자리한 쑤저우항은 해운과 하운이 바로 연결되는 항구이자 중국에서 다섯 번째 큰 항구로 부산을 비롯해 각국의 도시와 연결되는 국제해운 노선도 개설되었다. 풍교를 건넌다. 풍교

와 바로 연결되는 철령관문은 아주 튼튼하고 두텁게 지었으며 관문의 편액은 어구안민御寇安民 네 자로 해적을 막아 백성을 편하게 하리라는 염원을 담았다. 한산사 동종의 일화에서 보듯 해적의 피해가 극심했기 때문이다. 다리를 건너와서 자세히 살펴보니 풍교는 동치 6년(1867)에 중수했다고 석각을 남겼다. 풍교에서 걸어나오는 골목길 풍경 속에 재미난 구조의 건물도 있다. 한 가족이 이어진 두 집에 사는 것 같은데 아마도 나중

에 옆집을 사들였든지, 아니면 처음부터 자식 중에 하나를 옆에 두려고 이렇게 지었나 보다.

골목을 나오니 처음 들어갔던 한산사 매표소와 만난다. 한산사 동쪽에서 한산사 경내를 시계방향으로 돌고 가운데를 한 번 더 가로지른 다음 절 중간의 남문으로 나와 대종원으로 갔다. 범음각 화하시비를 보고 서쪽의 강중섬으로 가서 옛 풍교진에 있는 어은촌과 경홍도를 거쳐 동쪽으로 풍교 철령관을 지나 나왔다. 대략 세 시간쯤 걸렸다.

택시를 타고 시내로 나와 잠깐 돌아본 후 시간이 남아 걸어서 다리를 건넜다. 청량한 바람이 부는 다리 위에서 옛 쑤저우 성 밖을 흐르는 와이청허(외성하)를 만났다. 처음엔 이 외성하가 진주 남강처럼 자연하천을 해자처럼 활용한 것인 줄 알았다. 그런데 다녀온 지 2주 정도 지나서 쑤저우 지도를 검색하는데 외성하의 모양이 이상하다. 그렇다. 외성하는 둘레가 무려 16km인 인공해자이다. 따라서 쑤저우 외성은 16km인 베이징 내성과 같은 규모로 19km인 한양도성이나 베이징 내외성을 합친 거리보다 약간 작은 규모다. 외성하를 가운데 두고 쑤저우 성과 그 맞은편에는 웅대한 규모의 쑤저우 역이 대칭을 이룬다.

조금 더 걸으니 자전거가 있다! 어차피 시간이 한 시간 반 남았으니 자전거 라이딩을 하기로 했다. 쑤저우 시내를 실핏줄처럼 잇던 옛 운하의 지류는 이제 쓸모를 잃었다. 무지개 다리도 버려졌다.

여기서 버려진다면 내가 사다가 한국에 놓고 싶단 생각도 들었다. 쑤저우 박물관 앞 운하와 정자가 여전히 자태를 뽐낸다. 졸정원 근처의 운하를 들러 돌아오는 길에는 외성하를 다시 지난다.

이번 나들이에는 참고했던 자료들에 두 군데 작은 오류가 있어서 제법 큰 차질을 빚었다. 나도 아마 그런 실수를 할 것이다. 그러니 기록으로 남길 바엔 오류가 없도록 애써야 한다. 다른 사람이 남긴 기록을 전적으로 믿다가 차질을 겪고 원망하기보다는 주의해서 참고하는 것이 옳겠다. 남을 탓하는 것처럼 미련한 짓이 어디 있겠는가.

3

디지털 청명상하도

X

중국 걸작 미술의 디지털 체험

청명상하도

역사적으로 중국인들이 가장 귀하게 생각하는 그림은 아마도 첫 번째가 황공망의 〈부춘산에 살며富春山居圖〉, 두 번째가 장택단張擇端(1085~1145)의 〈청명상하도清明上河圖〉일 것이다. 너비 24.8cm, 길이 528.7cm의 청명상하도는 한림도화원翰林圖畫院의 화가 장택단이 북송 말기인 1120년경 그리고 휘종이 〈청명상하도-청명절에 강을 따라 오르며〉라고 이름 붙였다. 화의야 〈부춘산에 살며〉와 비교할 순 없겠지만 청명상하도가 가진 풍속화의 매력은 말할 나위가 없다. 청명상하도는 북송 말기 극성기에 달했던 수도 변경卞京의 활기찬 도시 생활을 잘 보여주는 그림이자 원 · 명 · 청 세 왕조를 거치며 현대에 이르기까지 많은 사람들이 모사한 작품이다.

그림에 등장하는 강은 경항운하의 변경일대 구간인 변하卞河이고 그림은 오른쪽 교외, 가운데 변하, 왼쪽 시가지 부분으로 안배돼 있다. 이 그림의 원본은 10년간의 비공개기간을 거쳐 베이징의 고궁박물관에서 2015년부터 전시 중이다. 동시관람은 200명으로 제한된다. 그림에는 500명 이상에 달하는 사람들, 가축 60여 필, 목선 20여 척, 누각 30여 동, 우마차 20여 개가 등장한다. 2010년에 열린 상하이 엑스포의 중국관에서 청명상하도의 디지털 작품이 전시되어 많은 사랑을 받았다. 중국관이 아트뮤지엄인 중화예술궁으로 변신하면서도 그 자리에 계속 전시되어 많은 사람들을 불러들인다. 전통문화의 현대적 활용에 모범이 될 만한 작품이다.

디지털 청명상하도

첫 부분. 교외. 단정하게 자리 잡은 교외 마을로 상인이 당나귀 다섯 마리에 짐을 싣고 들어온다. 집은 기와를 얹어 지었는데 지붕에 이어진 짚으로 얹은 처마 밑에는 꽤 여러 마리의 닭이 보인다. 왼쪽 밭에는 소와 용도 모를 농기구가 있다. 모양이 상당히 복잡한 것으로 보아 탈곡기인 듯하다. 교외에 밤이 찾아왔다. 교외의 한가한 농촌 풍경을 지나면 변하 부두가 나타난다.

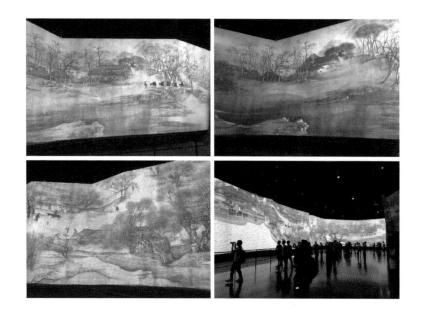

　잘 지어진 선실을 갖춘 다수의 대형 선박이 화물과 여객을 싣고 정박해 있다. 잘 보면 맨 왼쪽에 갓을 쓴 고려인이 있다. 강가의 집들은 모두 기와를 얹었다. 밤이 찾아오면 선실의 객창엔 불이 켜진다. 부두를 지나면 무지개다리가 나타나고 그 밑으론 큰 배가 조심스레 지나간다. 도선사가 큰 제스처로 뱃사공들을 지휘하며 뱃사공들은 제대로 방향을 잡으려고 삿대를 요령 있게 강바닥으로 밀어붙인다. 다리 위엔 구경꾼들이 가득하다. 우리나라에도 1970년대 초까지 다리가 많지 않아 대부분의 강에 나룻배가 있었고 사공들의 솜씨 있는 삿대질을 보는 건 늘 재미있는 광경 중 하나였다. 사공이 많으면 배가 산으로 간다는 속담이 떠오른다.

　　　　　　　　　　　　　상하이, 시간을 걷는 여행

다리 위에도 밤이 찾아오고 왼쪽 아래 레스토랑의 각점脚店(본점의 지점을 각점이라 표현했다)에도 불이 켜진다. 이 레스토랑의 지붕엔 특이한 조형물을 얹었는데 홍보용으로 만든 것 같다. 오른쪽 노점은 일산을 활짝 펴두었는데 자외선이 강한 봄볕을 가릴 용도로 보인다.

부두에서 변하로 이어지는 시내에도 불이 켜진다. 상점들은 밤늦은 시간에도 사람들로 붐빈다. 강물 위엔 달이 비쳐 아름답다. 시내의 낮. 한쪽에선 수레바퀴를 제작하고 정겨운 술자리도 이어진다.

다시 갓을 쓰고 말을 탄 고려인도 등장한다. 식당은 탁자가 최소 열 개, 사십여 명 이상을 동시에 수용할 만한 규모다. 술집들은 밤이 되자 더욱 붐빈다.

상하이, 시간을 걷는 여행

성문 주위에선 청명절의 유등놀이가 한창이다. 낮에도 사람들은 강물의 유장한 흐름을 즐기고, 밤이 되자 유등은 불을 켜고 강을 아름답게 비춘다. 여기에도 일산이 두 개 등장한다. 밤에도 펴져 있는 걸 보니 낮에는 햇볕을, 밤에는 이슬을 피하려 한 것 같다.

성벽은 철거됐어도 성문은 여전히 늠름한 위용을 자랑한다. 고급 술집에선 한량들이 때를 만났다. 137만 명이 사는 변경의 밤은 깊어가고 어의로 이름 높은 조태승가에서는 의원이 약을 짓는다.

루쉰의 고향마을

×

위대한 근대 문학의 요람

상하이 훙차오역虹橋站에서 오전 9시에 출발해서 샤오싱북역紹興北站에 10시 17분에 도착했다. 230km 정도 되는 듯하다. 비가 내린다. 택시를 타고 루쉰 고향에 11시쯤 도착했는데 입구부터 엄청난 인파다. 일 년에 백만 명이 온다니 일주일에 2만 명인 셈이고 계절이 딱 좋은 오늘은 만 명은 훌쩍 넘겠다. 이 일대는 「채두봉釵頭鳳」의 사연으로 유명한 심씨원을 제외하곤 모두 무료입장이다.

루쉰의 본명은 저우수런周樹人으로 청조정의 하급관리였던 할아버지 주복청朱福淸(1836~1904) 덕분에 유복한 유년을 보냈다. 아버지가 향시鄕試에 급제한 후 성시省試에 응시하여 뇌물로 통과하려다가 체포돼 할아버지가 참형대기형을 받아 투옥된다. 술로 날을 지새던 아버지는 얼마 되지 않아 병사하고 17세 때 난징의 강남수사학당江南水師學堂이라는 군사학교에 입학한다.

18세에 육사학당陸師學堂을 거쳐 광무철로학당礦務鐵路學堂으로 옮겨 공부한다. 광무철로학당을 졸업한 후 22세 때 관비로 일본으로 유학, 1904년 9월부터 센다이 의학 전문학교에서 수학한다. 1년 반 만인 1906년 3월, 수업 중 중국인이 참수되는 영상을 보고 충격을 받아 중퇴한다. 이후에도 도쿄에 머무르다 어머니의 부탁으로 청나라로 돌아간 루쉰은 세 살 연상인 주안朱安과 봉건식 혼례를 올린다. 2주 후 아우인 저우쭤런周作人과 함께 다시 일본에 돌아갔고, 2년간 잡지에 기고하면서, 동부 유럽 여러 나라의 단편 번역집을 출판한다.

1909년 귀국하여 항저우와 샤오싱에서 교원으로 일하며 외국 소설을 번역하고 중국 고전을 연구한다. 1912년에 신해혁명이 일어나자 중화민국 임시정부의 교육부 하급관리로서 참여한다. 쑨원이 위안스카이에게 권력을 양보함과 동시에 정부가 난징에서 베이징으로 이전하면서 함께 옮겨간다. 문학혁명이 개시되자 현실 비평에 나선다. 1918년, 유교와 중국에 대한 통절한 자기부정을 통해 중국혁명정신을 제창한 중국의 첫 현대백화문 단편소설 「광인일기狂人日記」를 루쉰이란 필명으로 『신청년』에 발표한다. 『신청년』에서 활동하면서 마르크스-레닌주의를 접하게 되고 좌익작가연맹과 민권동맹에 가입하여 공산혁명을 지원하였다. 이후 120개 이상의 필명으로 작품활동을 하는 한편 베이징 대학

등에서 학생들을 가르친다. 1921년 중편소설 「아큐정전阿Q正傳」을 『신보부간晨報副刊』에 발표하고 1925년에는 베이징여자사범대학교 해산사건에 항의해 군벌 정부의 교육당국에 맞선다.

1926년 베이징여자사범대학교로 복귀하고 교육부로도 복직한다. 그해 3월 벌어진 시위에서 군벌 정부의 강경 진압으로 47명이 사망하자 이에 대해 비판하는 글을 기고한다. 8월에 군벌 정부가 내린 체포령을 피해 제자 쉬광핑許廣平과 함께 하문, 광저우를 거쳐 1928년 1월 상하이로 온다. 1929년부터는 목판화 민중예술 보급운동을 시작하고 국민당의 반공독재정치에 항의하는 운동을 주도하다가 1936년 10월 취추바이瞿秋白(1899~1935)의 유작집을 편집하던 도중 천식 발작으로 세상을 떠난다.

루쉰구리魯迅故里(노신고리)라 쓰인 석조 조형물 왼쪽에는 아마도 함형주점咸亨酒店을 운영하던 루쉰의 집안 아저씨와 어린 루쉰을 묘사한 듯한 동상이 있다. 함형주점에서 일한 경험은 그의 유명한 단편 「공을기孔乙己」를 쓸 때 중요한 소재가 된다.

루쉰은 이 소설에서 과거에 실패하고 과거제도가 사라지자 아무것
도 할 수 없어 몰락해가는 공을기를 통해 반식민지로 전락해가는 중국
을 묘사했다. 반면 공을기를 조롱하고 멸시하다가 급기야 불구로 만드
는 평범한 하층 중국인들을 관찰하면서 그들의 잔인함을 냉정하게 드
러냈다. 그의 위대함은 시류에 편승하지 않고 객관적인 태도를 유지하
면서도 약자를 포용하는 따뜻한 시선을 작품 속에서 일관되게 드러냈
다는 점이다.

루쉰 할아버지집에 간다. 이 집은 건륭제 때인 1754년 지어진 샤오
싱에서 가장 잘 보전된 사대부집이다. 루쉰은 샤오싱에 살 때 자주 이곳
에 와서 문안을 드렸다고 한다. 들어가는 회랑 입구 돌수조에 금붕어를
키운다.

대문에서 유달리 길게 낸 회랑은 외부침입을 방지하기 위한 역할도
하는 듯하고 회랑 옆으로 군데군데 마당이 있다. 회랑이 끝나면 객청과

대청이 이어 나타난다. 대청의 창을 통해 회랑과 마당을 볼 수 있다.

초입의 객청客廳은 손님을 맞기에 적합한 규모로 한국의 사랑방과 유사한 기능을 한다. 가운데 있는 대청大廳은 규모가 커서 손님이 많거나 집안의 큰 행사를 치를 때 사용된 것 같다.

대청에서 집 안으로 이어진다. 중국인들은 사당을 북서쪽 모서리에 두는 한국과 달리 사당을 중앙에 둔다. 음수사원飮水思源이 떠오른다. 불당佛堂과 식당은 사당의 오른쪽, 서재와 침실은 왼쪽에 두었다. 이 또한 한국과 차이가 크다. 한국이라면 조정의 관리가 집안에 불당을 둔다는 것은 상상도 못할 일이었다. 한국의 교조적인 문화와 대비되는, 다양한 이념에 대해 포용적인 문화의 증거이다. 이런 나라에서 문화대혁명과 같은 비극적 코미디가 출현했다는 것이 믿기지 않는다. 배타적인 정신의 저열한 표현은 언제 어디서라도 출현할 수 있다는 증거이자 교훈이다.

  사당 안에는 10여 개의 편액들이 걸려 있다. 처음엔 유항산 유항심有
恒産 有恒心을 담은 맹자 등문공 상편 3장에서 따온 줄 알았는데 알고보니
루쉰의 할아버지가 여러 고전에서 글귀를 모아 지은 치가격언治家格言인
〈항훈恒訓〉을 강남육사학당에서 공부하던 18세의 루쉰이 쓴 것이라 한
다. 잘 쓴 글씨로 그가 조부로부터 얼마나 반듯한 교육을 받았는지 알겠
다. 그 옆에는 벗과 친척과의 관계, 효도와 우애에 대한 가르침도 있다.

  恒訓   항훈

  有恒心, 有恒業, 有恒産, 有恒心得見有恒善, 聖之基, 人而無恒不可以作巫醫. 持恒能久.

한결같은 마음, 한결같은 일, 한결같은 재산을 가져라. 한결같은 마음이 있어야 한결같은 착함이 있으니 성스러움의 기반이다. 사람이 꾸준함이 없으면 무당과 의사조차 될 수 없다.[21] 한결같음을 견지해야 오래간다.

勿交驕淫刻薄之友. 雖親戚少與往來亦葆天良. 孝弟誠實雖然貧窘必有轉機. 或晚年亨福或子孫昌盛. 以此卜之百不失一.

교만, 음란하고 각박한 벗을 사귀지 마라. 친척은 비록 왕래가 적더라도 역시 보전해야 하늘이 길하다. 효도하고 우애하고 성실하면 비록 가난하고 군색하더라도 반드시 전기가 있을 것이니 만년에 복을 누리거나 자손이 창성한다. 이와 같이 헤아리면 백에 하나도 잘못되지 않는다.

안채에는 다양한 용도의 방이 여럿 있다. 예악禮樂이란 말에서 알 수 있듯, 음악은 동아시아에서 교육과 문화의 핵심이었으니 악기실을 갖춘 것은 사대부 집안이라면 당연한 일이겠다. 안채에도 후당전後堂殿이라 불리는 객실이 있어서 여자들도 손님을 맞는 공간을 가지고 있었다

---

21 논어 자로편 22장.

니 대단히 훌륭한 문화이다. 이외에 규방, 자수실, 욕실 등이 있다. 자수는 부가가치를 생산하는 훌륭한 생산 활동이기도 하다.

안채 회랑은 바깥 회랑과 유사한 모습인데 회랑을 따라서는 소가주의 침실, 서재, 어린이 방, 서고, 금고실, 부엌과 곳간이 배치된다. 서고와 금고실 부엌의 여러 가지 가재도구가 매우 흥미롭다. 뒤주와 벼 도정기와 같은 부엌의 가재도구는 한국과 거의 같다. 맷돌, 항아리는 한국과 유사하다. 따뜻한 고장이니 부뚜막에서 취사에 사용되는 화력은 난방을 위해 활용되지 않는 듯하다.

　할아버지 옛집을 나와 앞에 있는 운하 건너 삼미서옥으로 간다. 루
쉰은 여기서 17세까지 공부했다. 삼미서옥에는 차이위안페이와 루쉰의
사진이 전시되어 있다. 루쉰보다 13살 위, 동향인 차이위안페이는 루쉰
과는 매우 가까운 교육자로서 좌우를 막론하고 다대한 영향력을 행사
했다. 교실의 왼쪽 맨 안쪽이 루쉰의 자리다. 교실 한쪽에는 습자전이
있는데 중국인들은 지금도 돌이나 벽돌, 심지어 콘트리트나 아스팔트
포장도로를 서예 연습하는 도구로 활용한다.

　기념관으로 간다. 초입에는 유년시절의 경험들과 연결된 전시물들
이 있다. 난정, 어린 시절 소작인의 아들인 친구와의 교유, 먼 곳에 대한
동경을 가져다준 운하, 고대 월극의 수상극장인 수향사희水鄕社戱다.

　루쉰은 1898~1912년간 난징의 군사학교를 거쳐 도쿄로 유학했다가
2년간 다양한 활동을 시도한 후 샤오싱으로 돌아와 교편을 잡는다.

　일본유학 시절 스승 후지노 겐로쿠는 그에게 석별의 사진을 준다.
타국에서 유학 온 총명한 루쉰이 그의 마음을 빼앗은 것이다. 동경에 있
는 동안 어머니의 안배로 고향에 잠시 돌아와 3살 위의 전통여성 주안
과 결혼하지만 결혼식이 끝나고 다시는 주안과 결혼생활을 하지 않는

다. 샤오싱에 돌아와 생활할 때는 정욕을 억누르기 위해 하반신을 단단히 싸매고 살았다는 기록까지 있다. 그의 아내는 루쉰의 어머니를 모시며 평생 독신으로 살다가 어머니가 타계

하고 얼마 후에 홀로 죽는다. 약자를 따듯하게 살핀 루쉰의 잔인하고 독한 또 다른 일면을 보여준다.

1912~1927년 동안에는 중화민국의 출범과 함께 차이위안페이의 권유로 난징의 신정부의 교육부에 관리로 참여했다가 정부와 함께 베이징으로 옮기지만 군벌 정부를 비판하여 1927

년 체포령이 내려지자 제자 쉬광핑과 함께 샤먼, 광저우를 전전한다. 이때 루쉰은 쉬광핑에 대한 감정을 토로하고 얼마 지나지 않아 두 사람은 동거에 들어간다.

중국인이라면 다 알 법한 쉬광핑에 대한 루쉰의 사랑의 토로이다.

真爱. 异性, 我是爱的, 但我一向不敢. 因为我自己明白各种缺点, 深怕辱没了對手.

진정한 사랑. 이성, 나는 사랑에 빠졌지만 줄곧 감히 어쩌지 못했는데

왜냐하면 나 스스로 각종 결점을 잘 알고 있어서였고 상대를 욕보이지 않을까 깊이 두려웠다.

1927~1936년은 상해에서 보낸 마지막 시기이다. 이 시기 동안 그는 유일한 자녀를 얻는다. 문예를 통한 인류의 보편적인 연대에 관심을 가지고 아일랜드 극작가 버나드 쇼(1856~1950), 미국 작가 에드가 스노우(1905~1972), 쑹칭링(1892~1981), 린위탕林語堂(1895~1976) 등 다양한 사람들과 교유하며 세계적인 명성을 얻는다. 자신의 소설 『외침吶喊』의 체코어판 머릿말의 부분이다.

人類最好是彼此不隔膜, 相關心, 然而最平正的道路, 卻只有用文藝來溝通, 可惜走這條道路的人又少得很.
인류는 이쪽저쪽 격리되지 않고 서로 관심을 갖는 것이 가장 좋다. 그러나 가장 공평한 길인 문예는 소통에 유용하기만 한데 안타깝게도 이 길을 가는 사람은 매우 적다.

기념관에서 나와 술판매장에 들렀다. 술의 종류가 압도적으로 다양하다. 도자기에 넣어 수십 년 동안 봉인해 묵힌 술부터 갓 띄운 술까지 이 지역의 풍요로움을 웅변한다. 이제 루쉰이 태어나 살던 집, 주가신대문朱家新臺門으로 간다.

루쉰의 나이 13살 되던 해 일어난 할아버지의 투옥 후 그의 아버지는 마약과 술에 의존하다 중 풍으로 쓰러져 3년 뒤에 죽는 다. 할아버지의 끝 모를 옥바 라지와 아버지 병구완 3년은 소년에겐 버거운 일이다. 루 쉰은 17세에 난징의 군사학교 에 입학하여 고향을 떠난다. 이 집은 행복했던 유년과 불 행했던 소년기가 공존하는 집 이다. 그러나 소년기에 어려 움을 겪는 것은 루쉰만이 겪

었던 특이한 경험이 아니라 내 조부를 포함한 당시 거의 모든 사람들의 통과의례였다. 19세기 말부터 20세기 초까지 한국, 중국, 일본이 모두 아주 유사한 국제적, 사회적, 문화적, 경제적 변화를 겪는다. 루쉰이 동 아시아에 보편적인 호소력을 갖는 이유다. 다소 예외적인 일본의 성공 은 미세한 차이로 서양의 침략 당시 한국과 중국에 비해 유리한 입지를 가졌다는 데 기인한다. 한국인이라면 누구든 그 미세한 부분에 대해 연 구하고 어떻게 행동해야 할지 염두에 두고 살아야 한다고 생각한다. 신 대문은 대부분 원형을 잃었다가 복원됐다. 루쉰의 침실은 1910~1912년 사이 그가 샤오싱에서 교사로 일하며 사용했다.

　　루쉰에게 많은 옛이야기를 들려줘 상상력을 길러준 계조모 할머니의 방은 옛 모습 그대로이고, 바깥채에서 안채로 들어가는 복도, 어머니의 방, 어머니의 방에 맞닿은 부엌, 곳간도 루쉰이 체류할 때 그대로이다.

　　집에서 텃밭인 백초원으로 가는 길이 예쁘다. 루쉰에겐 이 텃밭의 기억이 남달랐던 것 같다. 벼나 밀과 같은 곡물과 달리 채소는 집 근처 텃밭에서 자라면서 열매가 달리고, 이파리를 수확하고, 열매가 익어가는 속도가 빨라 어린 루쉰에게는 강렬한 인상을 주었을 것이다. 텃밭 밖에는 찻집과 오봉선烏篷船 부두가 있다. 오봉선은 덮개가 있는 까맣게 칠한 작은 배란 의미이다. 루쉰의 단편집을 처음 읽은 것이 1975~1976년 무렵이니 내 기억 속에도 이 장소들은 습합돼 있다. 내가 까닭 모를 그리움을 느끼는 이유다.

이어지는 장소는 루쉰이 묘사한 풍경들을 재현해 놓았거나 그 풍경들이 남아 있는 장소들인 루쉰필하풍정원魯迅筆下風情園이다. 루쉰은 일본 유학을 중단하고 고향에 돌아와 집안 아저씨가 운영하던 집 근처 함형 주점에서 황주를 마시다가 만감이 겹쳐 오열한다. 황주 중 꽃을 새긴 도자기에 담은 술을 화조주花雕酒라 부른다. 시각과 미각을 모두 즐기는 술이라는 의미이다.

운곡소분문雲谷紹芬門을 통해 반려석磐廬石이 보인다. 운곡소분은 구름 서린 골짜기로 향기가 이어진다는 의미이고 반려석은 명나라 때 샨동에 사는 제자가 샤오싱에 사는 스승에게 보낸 선물이다. 그 후로 주인이 두 번 바뀌었다. 한쪽에선 동제를 묘사한다.

루쉰이 인본주의를 필생의 이념으로 삼게 된 현장에서 그의 경험을 체감한다. 시간을 보니 세 시간이나 지났다. 계획이 어그러진다. 원래는 한 시간 정도 둘러본 뒤 점심을 먹고 심씨원을 보고 두 시쯤 난정으로 가려 했었다. 와서 보니 턱도 없는 계획이다. 루쉰 마을만 대강 살펴보는 데만 세 시간이 걸린다. 루쉰이 즐겨가던 함형주점도 생략한다. 그것도 여행의 묘미다. 채두봉의 애달픈 만남이 있었던 심씨원을 살피는 것은 다음을 기약한다. 늦은 점심으로 입구 근처 丁大興이란 식당에서 소흥특색면을 시켰다. 생선자반, 새우, 청경채, 버섯을 닭 육수에 면과 같이 삶아낸다.

2

운하와
아름다운
운
하
도
시
들

대운하와 항저우 야경

×

대운하의 종점에서 생각하는 인간의 위대함

대운하

대운하 건설은 춘추시대(기원전 770~403년) 말기 일부 개통된 절동浙東 운하를 여명기로 해 수양제(재위 604~618) 때 대강을 완성, 원나라 쿠빌라이(재위 1260~1294) 때 개수하고 명나라 영락제 때인 1411년에 얼추 마무리되었다. 그러나 1958년 중국 정부에서 64km를 추가한 것을 마지막으로 볼 수도 있으니 춘추시대를 기점으로 보면 2400년, 수양제로 보면 1400년이 넘는 기간 동안 꾸준히 유지, 보수, 확충된 셈이다. 그간 전란과 홍수를 겪으면서도 중국과 같은 큰 나라를 한 나라로 통합한 데에는 대운하의 영향력이 지대했을 것이다. 유네스코에 제출된 중국 정부의 대운하 개념도는 10개의 운하로 구성된 대운하 시스템을 일목요연하게 보여준다.

운하의 부설과 더불어 운하가 지나는 요충지역을 중심으로 대도시가 형성된다. 그 대표적인 예가 원나라의 수도가 된 영제거永濟渠의 종점 베이징, 북송의 수도가 된 카이펑開封, 명나라의 수도가 된 난징, 송과 명의 최대도시 쑤저우, 남송의 수도가 된 항저우이다.

운하의 개설이 강남지역의 경제개발에 전기가 된 것은 크게 두 번이다. 당나라 건국 후 정치적 안정을 바탕으로 수도인 장안지역의 식량 수요가 급증한 때와 당 멸망 직후 강남지역 절도사였던 전류錢鏐(재위 907~932)가 세운 오월국이 창장 유역의 델타지역을 간척한 때이다. '정관의 치'라는 당태종(재위 626~649)의 치세에 대한 찬양의 상당 부분은 수양제가 만든 대운하 덕분이다. 두 번째 도약기인 오월국이 존속하던 70년간 강남지역의 생산력은 비약적으로 발전하게 되고 이에 기반을 둔 문화융성정책에 힘입어 중국의 문화 중심지로 떠오른다. 이를 고려하면 명백히 폭군이었던 수양제는 차치하고 오월국왕 전류가 당태종 이세민에 필적하는 명군일 수도 있겠다는 생각이 든다.

운하는 일부 지역의 귀족 문화였던 차 문화를 전국적으로 확산하는 주요 통로가 된다. 운하를 중심으로 발달한 문화는 원나라 때 황공망黃公望[22](1269~1354)으로 대표되는 문인사대부의 예술인 남종화南宗畵를, 명나

---

22 장쑤성 쑤저우 상수시 출신으로 원 4대가의 최연장자이자 산수화의 걸작 富春山居圖의 작가이다.

라 때는 오파吳派와 절파浙派라는 미술계의 양대산맥을 배출하는 요람이 된다. 북송에 이르러 강남지역의 간척이 더욱 촉진됨으로써 전 세계에서 가장 부유한 지역으로 발전한다. 북송이 금나라에게 화북평원지역을 빼앗기면서 카이펑에 있던 지배층들은 대거 남하하여 대운하의 종점인 항저우를 수도인 임안으로 삼아 남송을 건국한다. 송의 피난민들은 금군의 추격을 막기 위해 운하둑을 헐어 방어막을 친다. 남송은 오월이 시작한 창장 유역의 간척을 더욱 확대하면서 강남의 경제력은 청나라 중기까지 세계 최고 수준으로 유지된다. 1842년 아편전쟁이 일어나 영국군이 운하를 통해 진격하면서 주위 도시들을 약탈하는 일이 일어나고 1853년 태평천국이 강남을 차지하여 조운이 중단되면서 퇴락된다. 결정적으로 1912년 톈진과 난징 간의 진포철도가 부설되면서 갑문이 필요한 북쪽지역의 운하는 주력교통 체계으로서의 지위를 잃는다.

그러나 현대에 이르러서도 갑문 없이 운항하는 강남지역의 대운하는 중국경제의 중요한 동맥 기능을 한다. 특히 쑤저우의 경우 물동량의 반을 운하가 담당한다. 대운하 중 경항京杭 대운하는 베이징-톈진-허베이-산둥-안휘-장쑤-저장을 1,797km의 전장으로 잇는 가장 긴 운하이고 뤄양-항저우를 잇는 수당 대운하, 춘추시대부터 건설된 항저우-닝보를 잇는 절동浙東 운하를 합쳐 중국 정부가 정의한 대운하의 주축이다. 사람의 힘은 위대하다.

짧은 운하 여행

항저우 출신 후배와 저녁을 먹었다. 이런저런 애기 끝에 항저우에서 서호와 영은사 계곡은 둘러봤는데 유명한 무지개다리며 대운하를 아직

보지 못했다 하니 여객선으로 둘러보면 구경하기 쉽다며 지도에 부두를 즐겨찾기로 찍어준다.

아침에 고속철로 항저우 역까지 가서 지하철로 4구간 떨어진 무림광장 역으로 다시 5분 정도 걸어 부두를 찾아갔다. 오른쪽이 부두다. 부두를 확인하고 점심을 먹으려고 식당을 찾는데 뚜레주르가 있

다. 미국의 스타벅스처럼 한국의 뚜레주르도 한국을 업그레이드하는 기업이 될 수 있겠다. 부두 옆 항주대하 C동 지하식당에서 튀긴 새우, 어묵, 구운 연어를 고명으로 올린 우동을 먹었다. 우동이란 이름은 일본어로 饂飩(온돈)이란 한자로 표기하고 우동이라 읽는데 한자에서 보듯 중국식 만둣국을 일컫는 餛飩(혼돈)이란 중국어를 기원으로 한다.

무림문 마두(부두)는 현대적인 조형물로 되어 있고 그 바닥에는 경항운하 개념도를 상감으로 새겨두었다. 베이징-텐진-허베이성-산동성-안휘성-장수성-저장성으로 이어지는 경로다. 이 한반도 두 배 남짓한

해안구역에 3억 명이 산다. 산동-장수-
저장을 이어놓은 지형은 한반도와 흡사
하다. 무림武林은 항저우의 또 다른 이름
이다. 배를 타려는데 매표소를 못 찾겠
다. 배 타는 곳에 가서 구글 번역기로 직
원에게 표를 어디서 사느냐고 물었다.
매표소를 꼼꼼히 알려주는데 옆에 있던
사람들이 배 위에서 요금을 내면 된다
며 그냥 타란다. 승선장이 열려 내려가니 배 타는 곳이 두 곳인데 한 줄
이 훨씬 짧다. 유람선이겠다 짐작하고 그 줄에 섰는데 내 앞에서 만석이
됐다. 다시 긴 줄로 가서 20분을 기다려 배가 왔는데 거기서도 사람들이
많아 배를 타지 못한다. 얼마나 기다려야 할지 몰라 포기할까 했다. 마
침 한국에서 유학했다는 젊은 아가씨가 30분 뒤에 배가 또 오니 기다리
라고 말해준다. 구세주를 만났다. 배가 왔다. 요금은 단돈 3위안. 나중에
알고 보니 이 배는 일반 승객을 위한 수상버스이고 유람선은 최저요금
30원부터 시작한다.

　　기다리면서 여기에서 유명한 서계습지공원까지 바로 가는 수상버스
도 있다는 걸 알게 됐다. 수상버스가 유람선보다 설비가 딱히 나쁘지 않
다는 게 신기하다. 아무래도 내국인과 외국인을 위한 운송수단을 따로
둔 듯하다. 매표소를 못 찾은 탓에 중국인용 배를 탄 셈이다. 물길이 잔
잔하므로 배는 고요한 호수를 운항하는 것처럼 매끄럽다. 15분 정도 배

를 타고 가니 종점인 공첸챠오拱宸桥가 나타난다. 대궐을 껴안는다는 이름의 의미 그대로 강남에서 가장 큰 옛날 다리이다. 황제의 순시선을 염두에 두고 만든 다리일 것이다. 명나라 숭정 4년(1631)에 처음 모금을 통해 건설되고 청나라 순치 8년(1651)에 무너졌다. 이후 강희 53년(1714)에 다시 모금을 통해 중건된 대운하 종점의 표지이다.

다리 길이는 98m, 높이 16m, 중간 폭이 5.9m로 약간 좁은 반면 양 끝 폭은 12.2m이다. 첸宸, 우리말 발음으로 진은 대궐이란 의미인데 갓머리 밑의 진은 별, 용, 왕중왕을 상징하니 갓머리를 합치면 별이 사는 집, 대궐이란 의미이다. 우리나라에서는 마한왕이 진왕이라 불렸다. 바이두 백과에 따르면 논어 위정편의 첫 구절을 따서 다리 이름을 지었다고 한다. 뭇별들이 북극성을 감싼다는 뜻으로 결국 대궐을 감싼다는 말과 같은 의미이다.

상하이, 시간을 걷는 여행

子曰 爲政以德 譬如北辰 居其所 而衆星共之

공자께서 말했다. 덕으로 정치를 한다. 비유하자면 북극성과 같이 그 자리에 자리하며 뭇별이 그를 둘러싸는 것이다.

배에서 내려 다리 주위를 둘러보니 유구한 역사가 현재에 살아 숨쉬며 다채로운 풍경을 펼쳐놓는다. 전통건물과 현대식 건물이 한데 어우러진 멋진 풍경이다.

다리를 건너오면 한의원이 늘어서 있는 거리가 나온다. 사람 사는 모습은 동서양이 다름없이 똑같다는 걸 새삼 느낀다. 코카-콜라가 미국 동부 종단철도의 남쪽 종착역인 애틀랜타에서 발명된 이유가 이곳에 한의원이 몰려 있는 이유와 아주 닮았다. 긴 여행 끝에는 지치거나 탈이 나 활기를 북돋울 것이 필요하다. 교통의 요충이니 건강에 좋은 재료를 구하기도 쉽다. 애틀랜타는 미국 남부의 주요 항구인 서배너와 미국 종단철도를 통해 유럽, 아시아, 아프리카와 남미에서 들어오는 각종 약재를 쉽게 공급받을 수 있는 위치에 있었다. 게다가 철도 종점에 자리 잡았으므로 '활력과 상쾌함'에 대한 꾸준한 수요가 있었다.

그곳에서 다양한 종류의 허브를 원료로 코카-콜라가 발명된 것은 우연이라고 볼 수 없다. 한의원 거리에서 규모가 가장 큰 한의원인 方回春堂은 대대로 한의원을 가업으로 전승한 중의의약세가 출신인 방청이 方淸怡가 순치 6년(1649)에 창업한 한의원이다. 이곳에는 오늘의 문진을 맡은 전문의 수십 명의 명단, 청나라 초기에 창업됐음을 알려주는 현판, 이 한의원이 창업부터 지켜온 조훈祖訓이 걸려 있다. 그 조훈은 "허가염전불허매가許可賺錢不許賣假-돈은 벌어도 좋으나 거짓을 팔아선 안 된다"

상하이, 시간을 걷는 여행

로 너무나 정직하고 현실적이다. 이곳에서 취급하는 약재, 약, 건강식품은 한눈에 봐도 수백 가지, 어쩌면 천여 가지에 이를지도 모른다. 그중에는 우리나라의 정관장 상표도 보인다. 다른 한의원들도 고색창연한 모습으로 오래된 역사를 증명한다.

한의원 거리 옆, 교서리橋西里 마을로 들어가 본다. 교서리라는 이름은 다리의 서쪽마을이란 의미이다. 이곳의 건축물들은 청제국 말기에서 근대에 걸쳐 지어졌다. 안내판에서는 서양식 건축의 장점을 전통건축물에 도입했다고 소개한다. 매력적인 건물들이 즐비하다. 교서리에는 대운하 표지석이 있고 부채, 가위, 칼, 우산 등등 여러 가지 박물관이 있다. 항저우는 바로 350년 역사를 자랑하는 유명한 장샤오천張小泉 가위의 고

향이다. 지금까지 팔린 가위의 숫자가 7억 개가 넘는다고 한다. 우산박물관 앞에서는 커다란 종이우산 위에 사람들이 소원을 적는다. 나도 사랑하는 사람들의 건강을 기원하는 소망을 적었다.

골재를 실은 배가 가만히 서 있는가 싶은데 천천히 움직인다. 화물선, 수상버스, 관광유람선 등 최대 천톤급까지 다양한 선박이 운항한다.

자전거를 가지러 가다가 색색의 가을 장미를 만났다. 11월에 장미를 보는 것은 뜻밖의 기쁨이다. 자전거를 타고 향적사로 간다. 향적사는 오월국이 송에 합병되던 978년에 처음 지어졌고 1713년 강희제 연간에 쌍탑이 건립되었다. 동탑은 문화혁명 중인 1968년 홍위병들에 의해 훼손되었지만 다행히 서탑은 살아남았다. 절은 2008년에 중건되었다.

　　중국인들이 옛 절을 다시 중건하는 것은 물질적 풍요가 가져올 정신적 공동을 채울 무엇인가가 필요하기 때문이리라. 그런 측면에서 중국인들이 최근에 공자를 비롯한 고대 중국의 사상가들을 재조명하는 것은 충분히 가치 있는 일이다. 자전거로 무림광장까지 가기로 했다가 그냥 가기엔 시간이 너무 많이 남았기에 운하로 돌아간다. 야경이 찬란하여 자전거를 버리고 걷는다. 어디에선지 계화꽃 향기가 은은하다. 10월 말에 만개하는 계화꽃이 11월 말에 향기를 내니 희한한데, 이는 계화꽃이 일조량이 아니라 온도에 따라 개화하기 때문이다.

처음 왔을 때의 반대편에서 부두 쪽으로 오니 매표소가 보인다. 유람선 배값은 편도 30~왕복 150위안으로 코스가 다양하다.

점심을 먹은 곳에 인접한 항주 대하 A동에서 매운게볶음 식당을 찾다가 포기하고 국수를 먹었다. 새우, 맛조개, 상합, 어묵, 소시지, 생강, 상추를 넣어 맛있었으나 소시지가 괴이하긴 했다.

주자자오 풍경

×

꿈속에서 만난 듯한 상하이 근교의 운하도시

억강남 憶江南

　강남을 노래한 절창은 옛부터 많았지만 백거이 白居易(772~846)의 억 강남을 능가하는 게 있을까. 백거이는 字인 낙천 樂天으로 더 유명한데 29세에 진사, 30세에 대과에 급제한다. 그 무렵, 당 현종과 양귀비의 비 련를 묘사한 「장한가 長恨歌」를 써서 중국은 물론 신라와 일본에까지 이 름을 떨치고 이후 인생의 애상 哀傷을 노래한 「비파행 琵琶行」을 비롯한 3,800수의 걸작을 남겼다.

　그의 문장은 글을 잘 모르는 사람들도 쉽게 이해할 수 있는 표현으 로 현대에 이르기까지 많은 사람들의 사랑을 받아왔다. 35세에 처음 현위 관직을 맡아 승승장구하던 시절에는 현실을 비판하는 풍자시를 많이 남겼다. 반면 44세에 장저우 사마로 좌천된 이후 51세에 항저우 자사를 거쳐 53세에 쑤저우 자사로 일할 무렵에는 백성을 사랑하는 마음으로 선정을 베풀면서 인생을 관조하고 삶의 기쁨을 노래한 글로 이름이 높았다.

「억강남」은 노래 형식인 詞 3편으로 된 연작시로 66세이던 837년 동갑내기 시인 유우석劉禹錫(772~842)과 함께 화답시로 지었다는 것이 정설이다. 그가 강남에 머물던 시절의 행복한 기억을 담았으며 27자로 된 詞의 대표인 27자 사패詞牌가 되었다. 나 역시 오래전에 「억강남」을 읽고 그의 행복한 기억을 공유하며 즐거워한 기억이 어렴풋이 남아 있다. 3편 중 첫 편이다.

憶江南 1   강남을 그리며 1

江南好   강남이 좋지

風景舊曾諳   풍경을 옛부터 익히 잘 아네

日出江花紅勝火   해 뜨면 강가의 꽃 불보다 붉고

春來江水綠如藍   봄 오면 강물은 쪽같이 푸른 빛

能不憶江南   강남을 그리워할 수밖에

유우석의 「누실명」 또한 읽어봄 직하다.

陋室銘	누실명

山不在高有仙則名.　산은 높아서가 아니라 신선이 있어 이름이 난다.

水不在深有龍則靈.　물은 깊어서가 아니라 용이 있어 영험하다.

斯是陋室惟吳德馨.　이 누추한 방엔 오직 내 덕의 향이 있을 뿐이다.

苔痕上階綠.　이끼 자국은 섬돌에 푸르고

草色入簾靑.　풀빛은 주렴에 들어 푸르다.

談笑有鴻儒,　담소에는 큰 선비들이 있고

往來無白丁.　오가느니 뭇사람은 없다.

可以調素琴閱金經　소박한 琴소리를 고르고, 금으로 쓴 경전을 읽는다.

無絲竹之亂耳,　귀를 어지럽히는 사죽[23]이 없고

無案牘之勞形.　몸을 힘들게 하는 읽을 일거리 없으니

南陽諸葛廬,　남양 제갈의 초려[24]이자

西蜀子雲亭.　서촉 자운의 정자[25]이다.

孔子云何陋之有？　공자도 말했지, 어떻게 누추하지?

---

23 관악기와 현악기를 총칭한다.

24 하남성 남양시에 있었던 제갈량(181~234)의 초려였다.

25 사천성 면양시 서산에 있는 정자로 서한시대 양웅(BC 53~AD 18)의 글방 정자였다.

주가각朱家角

주자자오(주가각)는 전형적인 강남수향이다. 막연히 억강남의 풍경을 기대한다. 오전 6시에 일어나 상하이의 서쪽 끝 주가각에 가겠다고 준비를 서둘러 8시 반에 아침을 마치고 날씨를 확인하니 이미 31도이다. 너무 덥다 싶어 계획을 바꿔 간단하게 다른 일을 보고 오후 2시 40분에 출발했다. 숙소 근처 쟈샨루역嘉善路站에서 12호선을 타고 산시난루역陝西南路站으로 가 10호선 환승, 홍챠오역虹橋站에서 다시 17호선으로 환승하는 경로인데 1시간 반쯤 걸린다. 10호선의 종점이 중간에서 두 군데로 갈리므로 주의해야 한다. 지하철 차창으로 보이는 운하와 전철역 안내판에 남긴 사진이 멋지다.

주가각은 근처의 오진(우전), 서당(시탕), 주장(주장)과 더불어 전형적인 강남수향이다. 송대 이래로 그물망처럼 이어진 운하를 바탕으로 물산이 모이고 교환되는 교역의 중심지 역할을 해온 유서깊은 도시이다. 96km^{2}의 면적에 9만 7천 명이 사는 동두천시와 비슷하게 128km^{2}에 6만 6천 명이 산다.

역에 내리자마자 초입에 운하가 펼쳐진다. 여기에서는 버스나 인력거로 시가지를 경유해 옛 마을에 들어가거나 처음부터 운하를 따라 걸어 들어갈 수도 있다. 걸어서 들어가니 복성교福星橋가 나타난다.

상하이, 시간을 걷는 여행

    물이 맑지도 않고 고여 있다시피 한데 물고기는 바글거린다. 오염이 없다는 말이다. 우리나라 강은 오염으로 인한 녹조로 몸살을 앓는데 물을 흘려버리면 문제는 보이지 않겠지만 오염된 물이 흐른다는 사실 자체가 변하지는 않는다. 이는 친환경 정화시스템으로 문제를 해결할 수 있다. 두 번째 다리는 중화교中和橋이다. 정교하게 바닥 돌을 깔고 난간 기둥 사이를 벽돌로 마감했다. 양쪽 교각 아래에는 물길을 터 수압을 조절하는 역할을 하게 했다. 주가각에는 이런 다리가 50여 개 가까이 있다.

　　너무 더운 날씨에 강아지 한 마리가 물속에서 몸부림을 친다. 재미있어서 한참 쳐다봤더니 알아차리곤 무안해한다. 강아지가 체면을 다 차리네. 물놀이하는 강아지를 보니 나도 목이 마르다. 물을 사러 신시가지 쪽으로 나왔다. 동네 슈퍼에서 물을 사는데 분위기와 상품 구색이 우리나라 면 단위 농협연쇄점과 아주 흡사하다. 동아시아 문화의 *끈끈한 유사성*이 확인되는 순간이다. 다시 옛시가지 쪽으로 돌아간다. 어려서 본듯한 정겨운 골목이 계속된다. 끝없이 골목골목을 이어주는 운하가 신기하다. 북경에서 항주까지 이어지는 경항 운하의 실핏줄이 이곳 상해 청포구 주가각진의 골목까지 이어진다. 1860년대 상하이 시내에서 시작된 스쿠먼(石庫門) 양식이 여기까지 들어와 있다.

　　　　　　　　　　　상하이, 시간을 걷는 여행

　　벽의 마감과 재료는 회벽과 나무 벽이 일반적인데, 옛 청제국 시절의 우체국은 정부 건물이니 민간의 회벽이나 나무 벽이 아닌 관청건물의 건축재인 벽돌을 사용했다. 현대에 사용해도 좋을 만큼 우체통의 디자인이 멋지다. 1760년 베이징에 사신으로 다녀온 박지원이 중국의 벽돌문화에 감명 받아 우리나라도 벽돌을 도입하자고 제안한 『열하일기』[26]를 읽고 중국에서는 보편적으로 구운 벽돌을 사용한다고 오해했었다. 실상은 북쪽을 중심으로 벽돌 사용이 보편화된 반면, 따뜻한 남쪽에서는 대부분 나무와 회로 벽을 만든다.

---

26 열하일기 도강록. … 오성 이항복공과 노가재가 벽돌의 이로움에 대해서 말했지만 가마의 방식에 대해서는 상세하지 못했으니 심히 한스럽다. 어떤 이는 수수깡 300줌이면 가마 하나를 때서 벽돌 8천 개를 얻을 수 있다고 하였다.

영풍교永豐橋는 난간이 소박하고 고풍스럽다. 영풍교에서 보는 운하의 조망이 아름다워 많은 사람들이 오랫동안 머무른다. 운하 삼거리의 정자 쪽으로 나오면 시내에서 가장 넓은 운하교차로가 한눈에 보인다. 오른쪽으로 건너다 보이는 엽화객잔葉和客棧이란 여관 난간의 세공이 정교하다. 삼거리 한쪽의 무지개다리인 중관음교에는 세부적인 장식과 사용 편의성에 꽤 공을 들였다. 이런 디테일이 이 마을의 품격이다.

양산 대신 우산을 쓴 젊은 부부가 다정해 보여 보기 좋다. 이러한 모습을 보면 험한 세상 부디 서로 의지하며 잘 살길 바라는 마음이 절로 든다. 긍정의 힘이다. 긍정의 에너지를 나누어주는 사람들을 응원한다. 평안교平安橋(척가교)는 척가장에서 명나라 때 지어졌다. 난간 나무가 수십 년은 된 듯하다.

　　다리 왼쪽에 커피집이 보인다. 둘이 왔으면 들어갈 텐데 하는 생각
이 스친다. 다정한 사람들을 보니 그런 마음이 더 간절하다. 긍정의 힘
은 전염력이 강하다. 스스로 그런 긍정의 모델이 될 수 있다면 얼마나
좋을까 하는 생각도 해본다. 평안교 위에서 운하 위로 드리워진 나무를
본다. 물이 어디인지 나무가 어디인지 물속의 그림자가 나무로 보이고
나무가 그림자로 보인다. 세상사에는 허상과 실상이 뒤섞여 참을 찾기
어렵다. 그러나 어떤 경우라도 진실이 언젠가는 이긴다.

　　평안교에서 성황묘교를 보다가 운하를 벗어나 시가지 쪽으로 간다. 100m쯤 가니 주가각 인문예술관이 나온다. 그 題字를 린펑미앤林風眠[27](1900~1991)의 수제자 우관중吳冠中(1919~2010)이 썼다. 입장료는 10위안. 전시작품은 주로 지난 19세기와 20세기 동안 근대 언론의 창설, 새로운 문물의 도입 등 주가각에서 일어난 여러 가지 사건들, 주가각의 특색이 된 수백 년 된 옛 거리, 상점과 찻집의 옛 모습, 주가각에서 활동한 문인과 언론인들의 초상화, 매월마다 하나씩 전통 세시풍습을 담은 그림이 전시되어 있고 같은 주제의 조소작품도 스무 점가량 된다. 그중에서 19세기 주가각에서 언론인으로 활동한 사람의 흉상과 초상화, 의자

---

27 중국예술원 초대원장을 역임한 중국미술계의 거장.

에 기대앉은 여인이 인상 깊다.

운하로 돌아와 성황묘 다리 위에서 찍는 사진은 그대로 그림엽서가 된다. 도시의 수호신을 모신 도교의 성황묘는 규모가 크다. 그 앞의 장벽을 장식한 화상석은 도교의 상징들을 묘사했다.

성황묘교에서 북쪽으로 회랑형식으로 만든 랑교廊橋가 있다. 바닥은 촘촘히 판자를 깔아 빈틈없이 마감했고 난간도 튼튼하게 세워 안전성

을 더했다. 주가각고진에 있는 36개 다리 중 가장 개성이 넘친다. 정식 이름은 혜민교惠民橋이나 하나밖에 없는 다리다 보니 보통명사인 랑교로 불린다. 이 아름다운 다리로 어여쁜 여인이 건너온다면 누구든 마음이 설렐 것이다.

랑교 가까이 규모가 큰 건너편 음식점 건물은 작은 부두, 난간을 제대로 갖추었다. 필요한 물건을 운하를 통해 조달받는 듯하다.

元 지정至正(1341~1370) 연간인 1341년에 창건된 이 동네 유일한 절인 원진선원圓津禪院은 주가각 읍내 크기에 비해 규모가 큰 편이다. 교역의 중심지였던 주가각에서 다양한 기능을 수행했기 때문으로 보인다. 이곳을 지나간 많은 시인묵객 명사들이 작품을 남겨 淸朝에 이르러서는 수많은 서화를 소장한 것으로 유명했다. 이 많은 작품들은 절이 세속적으

로 타락하면서 흩어져 팔려 나갔는데 최근에는 옛 명성을 되찾기 위해 애쓰고 있는 듯하다. 2005년에 복원된 3층탑은 종탑으로 1층에 천수관음을 모셨고 석가모니불을 그 머리 위에 올렸다. 3층탑에 올라 전망을 본다. 애석하게도 내가 갔을 때는 3층은 잠겨 있었다. 2층에서 본 풍경이 중세, 근대, 현대를 다 섞어놓은 듯 아름답다. 중국인들의 사자 사랑은 여기에도 유감없이 발휘된다. 2층의 사방 벽에는 부조를 조각해 붙였는데 관세음보살이 여기에선 아예 어머니로 묘사되었다. 그만큼 위안이 필요하다는 반증이다. 빠른 현대화와 발전은 어떤 나라에서든 예외 없이 사람들에게 소외감을 가져오는 법이다.

절에서 내려오자마자 식당 앞 큰 대야에 담긴 대형 민물조개를 봤다. 너비가 30cm쯤 된다. 우리나라 '귀이빨 대칭이 조개' 만하다.

원진선원 앞 태안교泰安橋 난간의 구름 장식이 대단하다. 작은 도시인 진의 다리에 이렇게 공력을 들일 수 있었던 물리적인 토대는 무엇이었을까? 교역에서 나오는 이익만으로 설명이 가능한 것일까? 당시 생산성은 얼마나 높았을까? 의문이 꼬리를 문다. 태안교는 높이가 아주 높다. 100m 정도 북쪽에 있는 방생교를 제외하고는 제일 높다. 다리가 높다는 것은 큰 배가 지나다니도록 지었다는 의미이다. 높은 만큼 훌륭한 조망을 선사한다.

태안교 건너 작은 골목길에는 크기에 어울리지 않게 북대가北大街란 이름이 붙었다. 북대가에는 1886년 창업한 함대륭장원涵大隆醬園이란 간장 장아찌 상점이 있다. 상점 외벽에 적힌 상호는 개업 당시 그대로다. 이 상점은 1915년 파나마만국박람회에 여러 제품을 출품했는데 매괴유부玫瑰乳腐와 쌍료장유双料醬油가 수상했다. 매괴유부는 단단한 두부에 해당화 열매인 매괴를 넣어 오랫동안 숙성해 만든다. 중국 전통음식인 부유腐乳의 일종이다. 양념으로 쓰거나 흰죽의 반찬으로 먹는데 콩으로 만든 치즈라 할 수 있다. 독특한 냄새로 외국인이 먹기에는 어렵다고 하니 나중에 시도해봐야겠다.

주가각에는 부유처럼 두부를 발효해서 만드는 취두부臭豆腐 튀김으로 유명한 집이 여럿 있는데 그 냄새가 심해 50m 밖에서도 느껴진다. 상하이에 체류하며 3번 정도 시도해봤는데 매운 칠리소스에 찍어서 한 접시를 비운 후로는 한 번도 다 먹지 못했다. 맛은 고소하지만 냄새를 견디기 어렵다. 그 옆의 찻집은 강남제일다루라는 간판을 달았다. 찻집의 예전 모습을 담은 인문예술관의 그림과는 많이 다르다. 시대에 따라 변하는 것은 당연하다. 이 찻집은 새벽 5시부터 저녁 7시까지 차와 음식을 판매한다. 오전 9시 반까지 티타임에는 주민들을 대상으로 아주 저렴한 입장료를 받고 오후 1~3시 사이에는 서장書場[28]의 공연시간으로 관광객을 대상으로 30위안 정도의 입장료를 받는다. 토요일과 일요일에도 공연한다.

---

28 사람들을 모아놓고 전통악극, 재담과 만담을 들려주는 장소.

시가지를 흐르는 운하는 원진선원의 3층탑 주위에서 큰 운하인 전포하淀浦河와 합류하고 제법 큰 부두도 있다. 원진선원이 항구의 터미널 역할을 겸했다는 증거다. 3층탑은 먼 곳에서도 잘 보이니 이정표 역할도 겸했을 것이다. 큰 운하에 자리한 방생교 부두에는 모터보트와 동력 유람선들이 정박해 있다.

부두 옆에는 무지개가 5개 이어진 방생교放生橋가 있다. 얼핏 보이는 사람들도 많지만 다리 위에 올라가면 훨씬 사람들이 많다. 명나라 중기인 1571년에 처음 짓고 청나라 중기인 1812년에 중건했다. 방생교 위에서 본 노을 빛은 그야말로 환상

적이어서 여신의 치마를 지어도 좋을 정도로 아름답다. 각도를 조금 달리하면 햇빛과 물의 반영이 만드는 미묘한 조화가 수많은 변주를 만들어낸다.

운하를 건너가면 또 다른 풍경이 이어진다. 한 노인은 그물을 거두어 물고기를 그물에서 떼어낸다. 한 끼 대여섯 식구가 먹을 만큼 제법 많이 잡혔다. 할아버지가 가족에 대한 사랑을 듬뿍 표현하는 걸 느끼는 아이들은 얼마나 행복할까. 한편으론 다시 한번 오염이 적다는 것을 확인한다. 중국의 내수자원이 공해에 오염돼서 심각한 문제를 일으키고 있는데 강남지역은 다행히 내수공간이 워낙 광범위하게 펼쳐져서 미생물과 토양이 공해물질을 다양한 방식으로 제거한다.

이 근처에는 1775년에 창업한 은점과 주가각의 가장 큰 원림인 과식원課植園이 있다. 과식원은 1912년 대대로 소금 판매와 광산업으로 큰 돈을 번 주가각의 부호 마문경馬文卿이 은자 30만 냥을 투자해 100,300m²의 땅에 15년 동안 건설한 원림이다.

　　과식원의 課는 학문, 植은 경작을 의미하고 이에 맞게 원림의 반은 서재와 부속건물, 반은 경작지로 되어 있다. 주경야독의 정신을 내세운 매우 겸손한 원림이다. 이곳은 차값도 안 되는 입장료를 조금 받는데 차라리 다른 찻집보다 20% 정도 더 비싸게 받고 차를 팔면 아마 모든 사람이 행복할 것이다. 사실 원림으로만 말하면 상하이 시내의 위위앤豫園과 경쟁할 수 없다. 평범한 데에 행복이 있지만 잘 모르고 지나치기 쉽다. 살면서 서로 도우면 행복해지는 비결을 쉽게 찾을 수 있다고 배웠다. 그래도 여전히 눈이 다 안 떠진 느낌이다. 과식원 앞으로는 무동력 보트 부두가 있다. 이 보트는 성황묘, 원진선원, 과식원, 방생교, 함대륭

장원, 중관음교, 대청우체국 등 7군데에서 주가각 옛 마을 안을 운항하며 편도과 왕복 두 가지 종류의 노선으로 배를 편리하게 이용할 수 있다. 방생교 부두 맞은편에는 전산호淀山湖

까지 왕복운행하는 장거리 동력유람선으로 40인승 유람선과 9인승 쾌속정이 있다. 운하 시가지의 끝으로 주가각 고진을 나가면 조금 전까지 입장료를 받았던 듯 수표처 간판이 그대로이다.

처음 다녀간 이후 지도를 살펴보니 길 건너에 호수가 있다. 두 번째 갔을 때 길을 건너 호텔로 들어가 오른쪽 샛길로 접어드니 넓은 호수가 나타난다. 대전호大澱湖이다. 고진의 정취를 현대에 적용해서 호텔이란 산업으로 재창조하는 중국인들의 솜씨는 역시 대단하다. 호수 안의 작은 섬들을 잇는 랑교와 무지개다리, 호텔식당 옆의 정자 등 원림 건축의 노하우를 큰 스케일로 유감없이 발휘했다. 이 상하이 경원수장주점上海景苑水庄酒店이 상하이의 변두리에 자리한 3성급 호텔임을 고려하면 중국의 원림 건축의 수준을 가늠할 수 있겠다.

호텔에서 나와 다시 고진으로 돌아와 되짚어 이동한다. 반대편에서 건너다 보니 게이블 창이 재미있다. 전통양식에 서양 건축의 아이디어를 적용한 사례이다. 운하를 따라 불 켜진 시가지가 매력적이다. 한쪽에

서는 투망을 하고 있다. 부러움이 샘솟는다. 노을이 진다. 이 전포하淀浦
河 운하는 동으로 뻗어나가 황포강黃浦江까지 이어지고 서쪽으로는 전산
호를 거쳐. 북으로는 쑤저우로. 서쪽으로는 항저우로. 남쪽으로는 샤오
싱을 거쳐 닝보까지 이어진다. 여기 사는 사람들은 그걸 잘 알고 있다.
이 연결이 이곳 사람들의 세계관 형성에 영향을 미쳤을 것이다.

숙소에서 저녁을 만들어 먹는 게 낫겠다 싶어 길을 서둘러 돌아오는
데 역에 거의 다와서 소박하고 깨끗한 식당을 찾았다. 들어가서 혼돈餛
飩과 탕포, 코카콜라를 주문했는데 사실 탕포는 뭔지 잘 몰랐다. 탕을 감
싼다는 의미이니 혹시 샤오롱포와 비슷하지 않을까 생각했는데 추측이
맞았다. 사실 가격이 모두 합해 25위안으로 너무 싸서 양이 적을까 봐
두 개를 주문했는데 두 가지 다 양이 넉넉하다. 나중에 알고 보니 백년
용포百年龙袍라는 체인 탕포점이다.

옛날의 한강물길

어려서 1908년생인 고모께서 고향인 청풍을 지나던 수많은 돛단배 이야기를 해주셨다. 겨울에 얼었던 강물이 풀리는 봄이 오면 한강에는 물길이 열렸다. 물길이 열리면 각 고을 나루터 주막에는 사람들이 다시 모여든다. 화주들, 배를 끄는 말을 모는 마부들, 배에 타서 돛을 다루는 선원들, 이런 사람들이 각지에서 모인다. 화물이 정해지면 배를 띄우는데 한강 상류인 청풍에서는 각 지방에서 조세로 낸 쌀, 서울에서 쓸 장작, 특산물 등이 실린다. 대개 적게는 두세 척에서 많게는 대여섯 척까지, 이런 짐들을 실은 돛단배가 한꺼번에 강을 채우고 하로로 내려간다.

서울에서 청풍으로 오는 상행 하로에는 소금, 해산물과 각종 공산품을 실은 배들이 올라오는데 바람이 불지 않는 날에는 작은 배는 말 네다섯 필, 소금을 300석 정도 실은 큰 배에는 10필의 말이 붙어서 끌고 올라온다. 마을에서 청풍 읍내로 나가던 고개에서 배들이 다니던 수로 쪽으로 돌출된 곳의 옛 이름이 '비루끝'이었다. 이 벼랑 끝에 서서 남한강의 수로를 오가는 돛단배를 보는 것이 어린 고모의 즐거움 중에 하나였고, "비루 끝에서 보니 강으로 돛단배들이 10척가량이나 한꺼번에 다니는데 정말 그림같이 대단했어"라고 말씀해주셨다. 비루 끝의 뒤쪽으로 15분 정도 걸음에 있던 포구의 이름이 진도津渡였는데 1970년대 초반까지 주막이 한 군데 남아 있었다. 돛단배가 지나다니던 때 이 진도 주막거리는 경상도와 강원도를 비롯한 각지에서 몰려든 사람들로 북적여서 시골의 큰 구경거리였다고 한다.

진도를 거쳐 조금 더 올라가면 큰 배는 더 이상 상류로 올라가지 못
했다. 그 근처에 서울의 흥선대원군 집으로 땔감과 목재를 공급하던 산
판이 있었는데, 운현궁 산판이라고 불렸다. 장마철에는 급류 때문에 배
가 왕래하지 못했다. 장마가 끝나면 서울까지 강바닥에 쌓인 자갈이나
모래를 퍼내서 물길을 정비하는 준설이 시작된다. 준설은 대개 자맥질
을 잘하는 동네의 청년들을 동원해서 작업했는데 청년들이 경쟁하듯이
강물 속을 오가며 돌과 모래를 치우는 모습을 상상하면 재미있다. 진도
에 포구가 있었던 이유는 상류에서 내려오던 여울이 끝나는 지점이었
기 때문일 것이다. 여울은 유속이 빨라 자칫 화물을 모두 잃어버릴 수

있기 때문에 상류로 향하는 배는 여울 앞 진도에서 정박하며 상류로 오를 채비를 하고 여울을 내려온 배의 선원들은 이곳에서 지친 몸을 쉬어 갔을 것이다.

지금은 수몰되어 없어졌지만 상류 쪽에서 진도 쪽으로 1km가량을 흐르던 그 여울을 매화여울, 또는 낙매탄落梅灘이라고 불렀다. 실제로 저녁나절이나 밤에 맑은 강가에 서서 여울에 비친 달빛을 보고 있노라면 매화 꽃잎이 바람에 흩날리는 듯했다. 다시는 볼 수 없는 아름다운 풍경이다.

신장고진

X

영화 〈색계〉의 촬영지인 푸동의 소박한 운하도시

남하사

상해 근교에는 옛 운하도시들이 여럿 있다. 그중 가장 유명한 곳이 서당西塘, 오진烏鎭, 주장周庄, 주가각朱家角, 남심南潯, 동리同里, 록직角直, 칠보七寶이고 이외에도 작은 도시들이 더 있다. 지난 일요일에 잘 알려지지 않은 작은 운하도시 중 한 군데인 신장新場(신창)에 다녀왔다. 신장이란 이름이 어디서 온 것일까 알아보다 유래를 짐작하게 하는 송나라 때 장영張榮의 율시 한 편을 찾았다.

시는 수함경미 4연이 잘 자리잡아 작자의 감성을 적절히 표현한다. 대자연, 세상, 고을에 이어 마지막 자신의 모습을 들여다보는 순서이다.

過鶴沙	학모래톳을 지나며
一條晴雪凍寒溪	한줄기 맑은 눈 추운 시내를 얼리고
寂寂芳塘路不迷	한가로운 꽃 연못엔 길이 가지런.
野鶴何年海外去	들의 학은 몇 년이나 바다 건너 있으려나
荒雞此路吾前啼	야윈 닭은 이 길에서 아침나절 우는데.
淡雲欲鎖千村合	옅은 구름 즈믄 마을 이으려 하고
麗日高烘萬樹齊	고운 해는 높은 데서 온 나무에 반짝.
聞道河中多石筍	길에서 듣기로 강 속에 석순이 많다 하는데
幾時才得出淤泥	얼마나 걸려야 바탕이 진흙을 벗을까.

새로운 땅이란 의미인 신장의 옛 이름은 남하사와 석순리인데 창장의 물에 쓸려온 모래가 남쪽에 쌓여 육지가 되어 생긴 이름이다. 바이두백과에는 하사下沙에 있던 염장鹽場을 남쪽으로 옮겨 신장이라 이름 붙였다고 한다. 원래 소금을 만들던 곳에선 바다에 접근하는 것이 불가능해졌다는 의미이고 이는 모래가 바다를 메웠기 때문이다. 기록에 의하면 신장고진은 남송 건염 2년(1128년)에 진鎭이 되었으니 어쩌면 오월국과 남송시대에 새로 간척한 땅이어서 신장이란 이름을 붙였을 수도 있다. 지금도 창장은 계속 새로운 땅을 만드는 중인데 중국에서 세 번째로큰 섬인 창장 하구의 충밍도崇明島가 618년에 처음 물 밖으로 나온 신생섬으로 제주도의 2/3 크기에 70만 명이 산다.

여행─신장고진

현대의 신장은 전철 16호선 포동신구 신장역까지 가서 신로전선新盧專線 버스를 타고 세 정류장 더 가면 있는 수향마을이다. 54km²에 11만 명이 산다. 지하철에서 내려 버스를 탔는데 차장이 표를 팔고 있다. 교통카드로 1원을 결제했다. 사실 상하이에는 교통카드가 보급돼 있어서 차장이 필요 없다. 일자리를 유지하려는 중국인들의 현명함이 돋보이는 부분이다. 생산성도 중요하나 사람이 더 중요하다는 인본적인 세계관의 발로일 것이다. 옛 마을 입구는 옛 운하를 중심으로 그림 같은 풍경인데 운하의 기능은 이미 사라져 배는 한 척도 다니지 않는다.

마을은 우리나라 1960~1970년대 시골 부농 마을 같다. 바랜 회벽이 자연스럽고 정감이 간다. 생각해 보니 내게도 처음엔 새하얗게 예뻐 보였다. 마을 초입에 자리 잡은 치과의 간판이 재미있다. 양아鑲牙-틀니, 세아洗牙-치석제거, 보아補牙-때우기, 치아治牙-치료. 우리나라 1960년대 시골 이발소 같은 분위기이다. 동네 사람들이 서너 명 모여 담배를 피우며 담소를 나눈다. 상점가는 한산하다. 사실 옛 마을 운하의 효용이 다하면서 상권은 도로가 새로 개설된 신시가지로 다 넘어갈 수밖에 없다.

사거리에 자리한 소흥취두부에서는 취두부와 발효유, 오징어 철판구이 등을 판다. 좌회전해서 북쪽으로 들어간 번화가 상점거리는 수백 년 전 모습 그대로인 듯하다. 특이하게 밀납원석蜜蠟原石을 파는 가게가 많다. 밀납원석은 우리나라에서 호박琥珀이라 불리는 보석이다. 새로 생긴 땅이니 천연물을 특산으로 가지긴 어려워 합성품이거나 수입품인

호박석을 가공해서 특산물로 만들어냈다. 호박석은 수지가 땅속에서 고온고압으로 변성되어 만들어진 유기보석이다. 합성하기 손쉬워 수지를 합성해서 만들기도 하는데 뿌옇고 노란색일수록 생성된 지 오래지 않은 천연호박이거나 합성호박일 가능성이 크다. 합성호박은 열을 가하면 송진 냄새가 난다. 색상이 어둡고 투명한 색일수록 고급품이다.

근처의 이문은 나름대로 공을 들였는데 일반적인 패방 형식은 아니다. 유스호스텔에서 돌아선 뒤 사거리에서 왼쪽으로 방향을 틀면 나오는 식당에서 점심으로 탕포를 먹었다. 창밖으로 풍경이 나쁘지 않다. 탕포에 게살이나 부세살을 넣으면 가격은 조금 비싸지지만 맛은 좋아진다. 중국인들은 민물고기를 즐겨 먹지만 바닷물고기는 그다지 좋아하지 않는다. 예외적으로 부세를 황어라 부르며 즐겨 먹는데 우리나라 사람들만큼이나 좋아한다. 나는 게살 탕포를 먹었다.

점심을 먹고 나와 오른쪽으로 보이는 다리 위에서 지나온 거리를 돌아본다. 왼쪽 건물이 청나라 말기인 동치제(1861~1874) 말년에 이 지역의 부호 주숙청周肅清이 단층 기와집을 지어 개업한 찻집이다. 이 찻집은 1920년대에 주숙청의 아내가 3층으로 고쳐 지으면서 사람들이 제일루라고 불렀다. 1930년대 초에 서장書場을 열어 다양한 장르의 상하이 지

상하이, 시간을 걷는 여행

역 전통 악극인 태보서太保書,[29] 발자서鈸子書, 탄황灘簧, 평단評彈 등을 공연했다. 1940년대에 1층에는 홍복관洪福館 식당이 문을 열었는데 이 식당이 1940~1943년에 공산당의 지하연락소였다.

아마도 이런 배경에서 장아이링 소설이 원작인 영화 〈색계色戒〉의 촬영지로 선정된 듯하다. 1985년에는 신장진의 6개 서장이 이곳으로 통폐합되면서 좌석이 230석으로 늘었다. 전통공연 예술에 관심 있다면 관람하는 것도 좋겠다. 제일루다원 건너편에는 17세기 강희康熙 연간에 문을 연 오기양육관이란 식당이, 멀지 않은 곳에 동시대에 문을 연 신화장원도 있다. 다리 건너 오른쪽 찻집 쪽으로는 고가구점이 있고 그 앞에 앉으니 점심을 든 식당이 보인다.

---

29 2006년에 국가급 무형문화재로 지정됐다.

홍복교洪福橋는 신장고진의 중심이고 그 중심에 찻집이 있다. 주가각에 강남제일다루가 있다면 여기엔 제일루다원第一樓茶園이 있다.

다리에서 이번엔 남쪽으로 간다. 3대에 걸쳐 2품의 고위관리를 배출한 가문의 오래된 집인 주몽영朱夢榮 댁을 지나면 신장역사문화진열관新場歷史文化陳列館으로 사용되는 신륭전당포信隆典當鋪가 있다. 그 앞의 안내판에서 신장고진이 포동 지역 18개 진 중에서 제일이라는 평을 받았다고 알려준다.

상하이, 시간을 걷는 여행

　고진 밖 시내로 나가니 자장면 집이 있다. 자장면은 원래 베이징에서 산동로채山東魯菜로 만들어진 음식이라고 한다. 우리나라에는 산동 출신의 중국인들이 19세기 말 처음 인천에서 자장면을 만들어 팔았다. 베이징 자장면은 맛이 어떨까 궁금했는데 여기선 건너뛰고 네 달 뒤 항저우 영은사 사하촌에서 먹었다. 동쪽을 향해 걷다가 다시 운하를 만난다. 운하로 내려와 회랑을 걷는다. 회랑은 유려하고 천추교千秋橋는 양식 건물을 배경으로 돋보인다. 구역 전체가 전통건축물인데 양옥이 한 채 있으니 이채롭다. 강희 연간에 처음 짓고 건륭 연간(1736~1796)에 새로 지

은 천추교는 규모로 보아 길이 28m, 넓이 3.9m로 고진에서 제일 큰 다리이다. 천추교 위에서 회랑을 돌아보는 풍경이나 북쪽으로 보는 풍경은 일품이다. 양쪽으로 각각 21개의 계단이 있다.

다리 양쪽에는 대련을 새겨 넣었다. "願天常生好人, 願人常做好事" 뜻이 "원컨대 하늘은 좋은 사람을 낳으시고 사람은 좋은 일을 만들기를 바랍니다"이다. 간절한 바람이다. 다리를 건너니 옛집이 있고 지붕은 와송 밭이다. 52년 전 충치로 치통이 심할 때 아버지께서 향교지붕에서 자라던 와송을 뽑아 달여주신 적이 있다. 그때 아버지를 따라가서 봤었는데 그걸 여기서 보니 새롭다.

예사롭지 않은 문을 만난다. 규모 있던 집안의 문이었겠다. 해가청솢家廳이라 안내판이 붙었다. 이 안에 열 집이 들어 있다. 문루의 위엔 거의 최상급의 목각이 있는데 이삼백 년은 족히 된 듯하다. 재료가 무슨 나무이기에 저리 오랜 시간을 버텼을까? 청廳은 장莊보다 규모가 작은 가옥

군이다. 중국에는 기원이 다른 아홉 가문의 해 씨가 있고 그중 하나는 푸동에 거주하는 해 씨이다. 이 해 씨의 시조는 후한 말기 도교를 박해하던 조조曹操의 추적을 피해 성까지 바꾸고 숨어 산 태평도 도사이고 그 후손이 안휘성에서 1100년 전 이곳에 들어와 정착해서 푸동의 유력한 가문인 포동망족浦東望族이 되었다.

재미있게도 전체 인구는 23만 명에 지나지 않지만 중국 아홉 해 씨의 기원은 넷은 한족이고 다섯은 북방기마민족으로 거의 반반씩 차지한다. 각각 기원을 살펴보자.

1) 하나라의 奚지역에서 기원한 씨족

2) 그 지역에 봉해진 공신 직(稷)의 후손

3) 고대직업에서 유래한 씨족

4) 이 글의 안휘성에서 온 씨족

5) 선비족의 고막해부(庫莫奚部)

6) 몽골족의 해랍(奚拉) 씨와 해합(奚哈) 씨를 유래로 하는 씨족

7) 만주족의 여해열(女奚烈) 씨, 체이필(錫尔弼)[30] 씨, 체극덕(錫克德) 씨, 체극특리(錫克特哩) 씨, 희탑라(喜塔喇) 씨, 해니가(奚尔佳) 씨 에서 기원한 씨족

8) 북위 선비족의 탁발부(拓跋部)

9) 남북조시기의 막북선비족(漠北鮮卑)

　　이런 사례로 견주어 보면 현대 중국인의 조상은 아마도 반은 농경민 족, 반은 북방기마민족으로 추정 가능하다는 생각이 든다. 들어가서 정 면으로 보이는 집에는 가주가 거주했겠다. 왼쪽 골목 안으로 들어가니 여러 집이 거주한다. 어릴 때 고향에서 한 집을 나눠 네 가구가 거주하 는 모습을 봤었는데, 그와 비슷한 셈이다. 어느 종갓집이던 이 집에 여 러 형제들이 같이 살았는데 모두 서른 명 가까이 거주했다. 토지개혁 후 재산 관리에 서툰 가주가 그 집을 처분할 수밖에 없었는데 사등분돼서

---

30 錫은 인명으로 쓰일 때 간혹, 가발을 지칭할 때 髢와 같이 체로 발음된다.

　　　　　　　　　　　　　　　상하이, 시간을 걷는 여행

네 사람에게 팔렸다. 서른 명에 가깝던 식구들은 뿔뿔이 흩어져 몇은 고향에 남고 몇은 서울로 갔다. 43년 전 그 네 집 중 한 집에 가봤는데 매력이 넘치는 고색창연한 한옥 대문이 예전에는 안채로 들어가던 중문이었다는 말을 들었다. 그 집들도 이제는 다 사라졌다.

해가청을 나와 다시 북쪽으로 가다가 엿 뽑는 장면을 봤다. 겨울방학에 외갓집에 놀러가면 큰외삼촌께서 갈색 갱엿을 한 사발 고아서 약공이로 치대서 흰 엿을 뽑아주시던 기억이 떠올랐다. 외갓집 사람들은 꽤 많던 재산관리에 소홀히 해 여러 사람을 어렵게 만든 큰외삼촌을 비난했다. 나 또한 예외가 아니었다. 최근에 바진의 형이 자살했다는 사실을 알고 나서는 조금씩 새로 보게 된다. 주위를 보면 종갓집 사람들이 근대화 과정에서 적응하지 못하고 실패한 사례가 많다. 물론 모든 사람들이 바진의 형처럼 적응에 실패하지는 않았다. 스스로 변화에 대처하도록 노력하는 한편, 주위 사람들을 도울 수 있다면 좋겠다.

　　다시 신장고진의 중심인 무지개다리로 돌아와서 제일루 다원의 오
른쪽 풍경을 담고 떠난다. 천 년 전 송나라 때 장영이 본 풍경도 비슷했
으리라. 이제 신장의 미래는 어떻게 변할까? 푸동 공항에 와서 저녁을
먹는다. 중국식 오징어볶음, 달걀찜, 채소식초절임, 솥밥이다. 이미 식단
은 천 년 전과는 완벽히 다르다.

#4

치바오

X

천 년 역사를 지닌 상하이 민항구의 작은 옛 운하도시

저녁을 먹고 옛 거리를 구경할 겸 상하이 민항구의 작은 옛 운하도시 치바오(칠보)로 간다. 면적은 18.1km²에 인구는 9만 명으로 구로구 정도의 면적에 1/5 정도의 사람이 사는 셈이다. 지금의 치바오진은 상하이의 관광 명소 중 하나로, 푸후이탕蒲汇塘(포회당) 운하가 잘 보존된 옛 도시를 가로질러 흐른다. 운하 위에 여러 개의 특색 있는 다리가 있고 양편에는 다양한 먹거리와 기념품점으로 가득 찬 거리가 나온다. 이곳에서 길러 파는 귀뚜라미는 유명한 특산품인데 용감하고 싸움을 잘한다. 중국의 귀뚜라미 경기는 제법 큰 산업으로 매년 4억 위안에 가까운 돈이 투자된다. 칠보라는 이름의 유래는 이곳에 있거나 있었던 7가지 보물, 날아서 온 부처飛来佛, 물에 떠서 온 탄래종淾来鍾, 오월왕 전류가 시주한 금자연화경金字蓮花經, 칠보사 안의 천년된 신수神樹 등 지금까지 전하는 4가지와 현재는 실전된 금계金鷄, 포회당교蒲汇塘橋를 짓는 데 쓰인 옥도끼玉斧와 황제가 하사한 옥젓가락玉筷에서 왔다고 전한다. 치바오는 북송(960~1127) 시기 칠보사七寶寺를 중심으로 도시가 발전했고 명나라(1368~1644) 초기에 이미 면방적산업의 중심지가 되었다.

자본주의 초기까지 진입했던 중국이 자본주의 초입에서 더 발전하지 못하고 좌절한 이유에 대해 많은 학자들이 형이상학적이고 자본을 천시한 성리학 때문이었다고 논증한다. 역사학자 레이 황은 "도학가들의 사상은 좁게는 군자와 소인의 구분을 강조했고, 개인의 사적인 이익과 관련된 개념을 말살했다. 오늘날 중국의 민법 발달이 미진하고 도덕관념으로 법률을 대신하는 경향을 보이는 건 송대의 유학자들과 무관할 수 없다"라고 주장한다.[31] 우리나라 역시 조선시대에 성리학을 국교로 도입하면서 농업을 근간으로 삼아 정치적 안정은 가져왔지만 산업 발전에 있어서는 이러한 폐단이 극성을 부려 19세기 말 동아시아에서 제일 낙후된 지역으로 전락했다.

치바오 전철역 쪽에서 가까운 북문으로 들어간다. 패방에는 북송유존北宋遺存이라 적혀 있는데, 이는 북송으로부터 시작된 도시를 말한다.

---

31 중앙일보 〈유성운의 역사정치〉, "산업혁명 500년 전 영국보다 잘살았던 송나라, 왜 망했나" 기사에서 재인용.

그 뒤에 보이는 종각의 현판에는 탄래종汆來鐘이라 적혀 있으니 물에 떠서 온 종이란 의미이다.

　　탄래종각에서 운하 쪽으로는 소품 상점가가 자리하고, 운하가에는 식당가가 있다. 백년용포 식당과 운하 주변의 풍경을 찍었다.

포회당교 건너 남쪽은 음식점 거리이고 칠보대곡七宝大曲이란 술을 생산하는 칠보주방七寶酒坊이란 술도가도 있다. 합의거미식성合意居美食城, 뜻을 모아 함께한 맛집 거리란 의미의 이름은 푸드코트의 중국어식 표현이다. 상해 토속음식 생전을 조리하는 솥, 찌고 삶고 구운 음식과 다양한 꼬치 음식, 구운 오리 등 수십 가지 각종 음식들을 볼 수 있다. 남문을 지나 음식점 거리에서 나가 우회전하면 청 도광연간(1821~1850)에 개설되어 이 지역의 금융업을 대표하던 칠보전당포도 있다.

계속 남쪽으로 진행해 약간 돌아서 접근하면 1867년에 창건된 상해에서 가장 오래된 가톨릭교회인 칠보천주당七寶天主堂이 있다. 원래 건물은 1949년 국민당 군대가 철수할 때 화재로 소실됐고 현재는 1982년에 중건된 건물인데 특이하게도 성당 입구 위에 시계가 달려 있다.

식당가로 돌아와 자전거를 타고 동문 쪽으로 나간다. 동문 쪽에는 불교 사찰인 칠보교사가 칠보천주당과 500m도 안되는 거리에 자리해 있다. 칠보교사는 오후 5시면 문을 닫는다. 천 년 된 나무인 신수와 7층 탑이 있지만 가까이서 볼 수 없으니 아쉽지만 운하로 돌아간다.

나오면서 포계蒲溪라는 문패가 붙은 里門에는 양쪽에 주련이 붙어 있다. 천 년 도시라는 자부심과 도시의 장려함에 대한 성취감을 열자에 담았다. 여기서 옥도끼玉斧는 포회당교를 지었던 전설의 옥도끼이고 금 연꽃은 오월왕 전류가 칠보사에 시주한 금자연화경을 말한다.

伍百歲橋枕玉斧　오백 년 다리는 옥도끼를 베고 누웠고

一千年鎭藏金蓮　일천 년 도시는 금 연꽃을 품었네

천상의 도시들을 채운 원림,

3

정원 그리고 박물관

1

항저우 서호

X

항저우를 천상의 도시로 만든 호수 조경의 최고봉

다시 억강남

국경일 연휴 둘째 날 일요일에 항저우로 당일 여행을 다녀왔다. 대체 근무하는 사람들이 제법 많은 탓에 꽤 수월하게 예약했다.

항저우는 589년 수문제가 처음으로 항저우라 이름 짓고 성을 쌓았으며 수양제 때 대운하의 종점으로 자리 잡은 후 크게 발전했다. 백거이는 51세가 되던 해인 822년 항저우에서 처음으로 지방관인 자사직을 맡아 선정을 베푼다. 농업용수가 부족한 문제를 해결하기 위해 현장에 천막을 치고 사람들을 독려하여 호수를 준설했고 저수지 제방을 만든 것이 바로 그의 이름을 딴 서호 백제白堤이고 서호의 시작이다. 항저우

를 떠난 16년 후 쓴 억강남 詞 3편 중 2번째가 항저우 시절 행복한 기억
을 담은 사詞이다.

憶江南 2　　　　강남을 그리며 2

江南憶　　　　　강남이 떠오르네
最憶是杭州　　　가장 그리운 건 바로 항주
山寺月中尋桂子　산사 달빛에 계수나무 찾고
郡亭枕上看潮頭　군정에 누워 밀물머리 보았다네
何日更重遊　　　언제 또다시 노닐까?

이 글은 음력 8월 18일 이지러진 달이 환하게 비추던 늦은 밤, 전당
강錢塘江이 내려다 보이는 산사에서 계화꽃 향기를 즐기다 근처 군정郡亭
이란 정자에서 전당관조錢塘觀潮로 불리는 유명한 첸탕강의 조수해일을
보던 정경을 절묘하게 그려냈다. 계화꽃은 한여름을 지나 첸탕강의 밀
물이 가장 높게 오르는 무렵에 개화해 다음 해 초여름까지 핀다. 그 은
은한 향기가 항저우의 온 시내를 감싸는 10월과 11월은 계화꽃의 계절
이라 부를 만하다. 항저우 사람들은 계화꽃을 모아 말려두었다가 음식
과 차에 넣어 즐긴다. 7년 전 항저우 출신 후배에게 계화차를 받아 처음
마셨을 때의 향기를 아직도 잊지 못한다.

　백제를 만들고 250년이 지난 1072년, 소식蘇軾(1037~1101)이 항저우

통판通判[32]으로 부임한다. 字인 동파東坡로 잘 알려진 소식은 수량이 부족한 서호의 상황을 보고 백제보다 세 배 정도 더 큰 저수지 제방을 쌓는다. 그만큼 경작지가 늘어났다는 의미이며 그 제방이 소제蘇堤이다. 소동파는 타고난 자유인이자 중국 역사상 가장 걸출한 천재라고 일컬어진다. 아버지 소순蘇洵, 동생 소철蘇轍과 더불어 三蘇로 유명하다. 동시대 고려에 살던 김근金覲은 자신의 아들 형제 이름을 소식 형제의 이름을 따 김부식과 김부철로 짓는다. 소동파는 항저우에서 살며 많은 글을 남겼는데 그중 여러 이름으로 불리던 서호의 이름을 서호로 굳히게 한 시가 있다. 낙천적이고 호방한 그의 성격이 잘 드러난다.

飮湖上初晴後雨二首 호수 위에서 마시는데 처음에 맑다가 비오네, 두 수

其一	첫 수
朝曦迎客豔重岡	아침 햇빛 손님 맞아 겹 고갯길 곱게 비추고
晩雨留人入醉鄕	저녁 비는 사람 붙잡아 취할 마을로 들이네
此意自佳君不會	이 마음 스스로 좋은 걸 그댄 모를 거야
一杯當屬水仙王	한잔은 마땅히 수선왕[33] 것이라네

---

32 通判某州軍州事의 약칭. 한 주의 장관인 知州의 권한 남용을 견제하던 관리이다.

33 송대에 서호 옆에 있던 수선왕 묘의 주신. 전당강 용왕을 의미한다.

其二	둘째 수
水光瀲灔晴方好	물빛 넘실 출렁이는 맑은 모습 좋거니와
山色空濛雨亦奇	산색 쓸쓸하니 가랑비 역시 멋스럽다
欲把西湖比西子	서호를 가져다가 서시와 견주고 싶거니와
淡妝濃抹總相宜	옅은 화장 짙은 분 모두 서로 아름답다

그의 글 중 가장 유명한 것은 아무래도 필화를 입어 적벽으로 귀양 가서 지은 두 편의 적벽부이다. 적벽부는 우리에게 익숙한 일엽편주, 하루살이 인생, 창해일속, 우화등선을 비롯한 많은 성어를 동아시아 지역에 퍼트린 명문이다.

여행–서호

12세기 초 송이 금에게 쫓겨 내려와 임시 수도란 의미의 임안臨安이라 칭하고 몽골침략까지 150년간 수도로 삼았던 항저우는 남송멸망 후 13세기 말 마르코 폴로가 방문하였을 때 그 아름다움을 보고 천상의 도시, 세상에서 가장 아름답고 고결한 도시[34]라고 기록에 남겼을 정도로 아름다운 도시이다. 현재는 저장성의 성도이자 4개 성급 도시 아래

---

34 The Project Gutenberg eBook, The Travels of Marco Polo, Volume 2, by Marco Polo and Rustichello of Pisa, et al, Edited by Henry Yule and Henri Cordier, CHAPTER LXXVI … you arrive at the most noble city of Kinsay, a name which is as much as to say in our tongue "The City of Heaven"… 수도를 의미하는 경사(京師)를 마르코 폴로가 Kinsay로 표기했다.

상하이, 시간을 걷는 여행

의 15개 부성급 도시 중 하나로 19,000km²의 경상북도보다 조금 작은 17,000km²의 면적에 9백만 명이 산다. 항저우 중심 시가지에는 220만 명 정도가 거주하니 중심 시가지만으로는 대구와 비슷한 규모가 아닐까 싶다. 저장대학 출신 마윈이 창업한 알리바바의 본사가 자리한 중국 정보산업의 중심도시다.

서호는 두말할 필요 없는 항저우의 상징이다. 당나라 이전에 저수지로 쓰이던 전당강의 범람원에 수량 부족으로 인한 농민들의 고통을 덜기 위해 백거이가 백제를 쌓아 지금의 북리호로 만들었다. 이후 소동파가 소제를 지어 크게 확대함으로써 명승의 반열에 들게 되고 남송 때 호수를 확대하여 천하 명승의 자리에 오른다. 명나라 때는 호수를 준설해 삼담인월도를 만들고 석탑을 배치한다. 청나라의 여러 황제들은 서호를 사랑하여 삼담인월도 안에 조경을 완성하고 베이징 근교 별궁에 서호를 본떠 이화원을 조성했다. 항저우 역에서 전철로 두 정류장, 롱쌍챠오에서 내려서 200m를 가니 서호가 나타난다. 잠깐 산책한다. 점심은 항저우식 음식을 파는 체인점 와이포쟈. 맛은 좀 실망스러웠다. 체인의 본거지에서 먹는 맛이 상해 푸동점만 못하다. 점심을 마치고 서호로 와서 배를 타러 가려는데 서호순환 전기차가 나타난다. 전기차에서 내려 뇌봉탑雷峰塔으로 가는 길의 풍경도 아름답다.

뇌봉탑은 975년 오월왕이 왕비를 위해 전목결구磚木結構 누각식 5층 불사리탑으로 서호 호반 뇌봉 등성이에 창건했다. 그 후 전란의 피해를 입었다가 남송 경원 연간(1195~1200)에 중건되어 휘황한 옛 모습을 되찾아 뇌봉석조雷峰夕照가 서호 10경에 포함된다. 명 가정 연간(1522~1566)에 왜구가 침입해 불을 질러 나무로 지어진 부분을 태워버렸는데 남은 전탑이 잔결미殘缺美라는 묘한 정취를 사람들에게 주어 강희제와 건륭제를 비롯한 많은 사람들에게 사랑을 받았다.

이후 남은 전탑은 중국인들이 벽사와 득남의 주술적 효과에 대한 미신으로 벽돌을 빼가는 바람에 1924년에 붕괴했다. 현재의 탑은 2002년에 72m의 높이로 현대기술로 조성되었는데 탑찰塔刹이라 불리는 상륜부가 18m에 달한다. 지하에 옛 탑의 기단 부분과 전탑을 둘러쌌던 나무 골조 부분의 주춧돌도 그대로 남아 있다. 탑 내부에 엘리베이터가 있어서 타고 올라간다.

꼭대기 층에서 찍은 동쪽 호안과 삼담인월三潭印月은 명 만력 연간인 1607년 서호를 준설한 흙으로 둑을 쌓아 호수 속에 호수를 만들어 방생처를 삼고 그 서쪽 호수 가운데 석등 3개를 세워 달빛을 즐기던 곳이다. 석등은 삼담인월도가 생기기 전인 송代에 소동파가 처음 세웠다고 전하

는데 현재의 석등은 명代에 세워졌다.

그다음 층에서 찍은 소제, 백제, 삼담인월. 백제와 소제는 백거이와 소식이 각각 자사와 통판으로 있을 때 저수지를 확장한 제방이다. 그들 모두 서호 저수지 수량을 늘리고 싶었던 항주 사람들의 오랜 숙원을 해결했다. 그다음 층에서 찍은 화항관어花港觀魚는 관상 물고기를 키우는 홍어지紅魚池, 모란원牡丹園, 화가산 계곡물이 흘러드는 화항花港, 넓은 잔디밭 대초평大草坪, 밀림지密林地 등 5부분으로 구성된다.

뇌봉탑에는 인간과 사랑에 빠진 하얀 뱀을 한 고승이 탑 아래에 봉인했다는 전설이 서려 있다. 뇌봉탑 아래 두 층에 그 백사전을 표현한 목각을 전시한다.

백사전의 전설은 욕망을 상징하는 뱀에 대한 양극단의 태도를 대비하여 보여준다. 뱀을 사탄으로 묘사한 유목민족의 죄의식은 욕망에 대해 긍정적인 농경민족의 태도와 극적으로 충돌한다. 고승은 결핍에 대한 두려움 때문에 욕망을 부정하는 심리를 상징하고 백사와 사랑에 빠진 허선은 풍요로움을 바탕으로 욕망을 긍정하는 심리를 육화한다. 풍요의 땅 강남에서는 백사가 고승을 이기는 것이 아주 자연스럽다.

뇌봉탑은 5층탑인데 1층이 기단처럼 보여서 멀리서 보면 4층처럼 보인다. 이런 양식은 일본 호류지 5층탑과 유사하다. 뇌봉탑에서 산 밑으로 내려오면 뇌봉탑 붕괴 후 수습한 유물관과 불사리를 봉안한 불사리전이 있다. 그곳의 옛 뇌봉탑 사진에서 왠지 쓸쓸함이 묻어나오는 것 같다.

　뇌봉탑에서 나와 전기차를 탄 후 화항관어로 가서 배를 타고 삼담인월도로 들어간다. 왕복승선료와 입장료를 묶어서 55위안이다. 호수가 깊지 않으니 모두 평저선이다. 섬에 들어가면 또 호수가 나온다. 삼담인월도의 아심상인정我心相印亭에서 보는 뇌봉탑은 현대건축이라 해도 운치는 옛것과 다르지 않다. 난 당대의 건축술을 동원해서 뇌봉탑을 복원한 중국인들의 실용적인 태도를 높이 산다. 다양한 방증 자료를 가졌지만 황룡사 9층탑을 복원하지 못하는 우리나라를 생각하면 안타깝다. 일본만 해도 센쇼지 5층탑, 오사카성 등의 문화재를 콘크리트로 복원했다. 전통문화의 아취를 한국인만 즐기지 못할 이유는 없다.

　　삼담인월도 안의 연못 동서를 둑길이 가로지르고 남북으로 다리가
이어진다. 섬 북쪽에 개망정開網亭, 한방대開放臺, 선현사先賢祠, 구곡교九曲
橋, 구사자九獅石 등이 모여 있고 남쪽에는 삼담인월어비정三潭印月御碑亭,
아심상인정我心相印亭 등이 있다. 섬 가운데에는 다시 섬이 있고 거기에
동랑정東郎亭, 영취헌迎翠軒, 화조청花鳥廳이 찻집과 음식점 등으로 쓰인다.
삼담인월도는 두 시간 정도면 충분히 돌아볼 수 있다.

　　　　　　　　　　　　　　　　　　　　　　상하이, 시간을 걷는 여행

　5시 50분에 뭍으로 돌아가는 마지막 배가 뜬다. 삼담인월도로 들어오는 배는 화항관어에서 탔지만 나가는 배는 행선지를 골라서 탈 수 있고 타는 부두가 두 군데이다. 다만 막배 시간은 부두마다 차이가 난다. 나는 호빈공원으로 돌아오는 배를 탔다. 마지막 배에서 보는 저녁노을은 가히 환상적이다. 호빈 부두 근처에는 서호의 상징 집현정이 있다.

　서호 호반에서 풍경을 빛나게 하는 집현정이 마지막 여정에 자리한다. 이렇게 아름다운 서호를 창조하고 가꾼 사람들은 소제를 쌓은 소식을 필두로 한 송나라 사람들이다. 송과 금, 다시 송금과 몽골의 사례에서 보듯 인구, 경제력과 문화에서 압도적인 우위를 가지고 있다 해도 국방력이 약하면 아무런 의미가 없다. 한국도 마찬가지로 세계 11위의 경제력을 가졌다 한들 국방력이 약하면 아무 쓸모가 없다. 1억 2천만 인구의 송이 인구 100만의 금에게 쫓겨나고 150만의 몽골에게 멸망한다.

그 와중에 겪는 선량한 사람들의 고초는 말할 나위가 없다. 어느 순간에 무슨 일이 일어날지는 아무도 장담하지 못한다. 수천만이 능욕과 학살을 당하는 일은 세계사의 책장을 넘길 때마다 마주하는 냉엄한 현실이다. 우리나라도 불과 109년 전에 국가를 잃는 엄청난 재앙을 당했고 우리가 치른 대가는 상상을 초월할 정도로 끔찍했다. 항저우와 서호의 아름다움은 몽골의 침략과 태평천국의 난에서 겪은 고통과 대비하여 더욱 빛나지만 그 고통의 교훈을 잊으면 안 되겠다.

2

쑤저우 북사탑 졸정원 박물관 샨탕제

X

마르코 폴로의 '고결한' 도시와 인류유산이 된 원림

다시 억강남

추석 연휴 둘째 날 다녀온 쑤저우蘇州는 이번이 두 번째 방문이다. 쑤저우는 마르코 폴로가 항저우와 더불어 '고결한 도시'로 칭한 도시이다. 700여 년이 지난 지금까지 그것이 통용될 리는 없지만 관광이란 옛 흔적을 찾아보고 그 의미를 되새기는 것이기도 하니 이번 두 번째 쑤저우 행은 그런대로 가치가 있다. 쑤저우는 백거이가 항저우 자사에 이어 53세 때 자사로 일한 고을이다. 쑤저우 근무를 마친 13년 후 억강남 詞 3편을 쓰게 된다. 그중 3번째가 쑤저우에 대한 글이다.

憶江南 3	강남을 그리며 3

江南憶	강남이 그리워라
其次憶吳宮	그 두 번째 기억은 오궁
吳酒一杯春竹葉	오나라 술 한 잔에 봄 대나무 잎
吳娃雙舞醉芙蓉	오나라 아가씨 쌍쌍 춤 취하니 연꽃
早晚復相逢	언제가 다시 만나리

오나라는 월나라와 더불어 춘추시대 강남의 중심지로서 BC 1096
년 제후국 周의 제후 희단보姬亶父의 장자와 차자인 태백太伯과 우중虞仲
이 이민족의 땅인 이곳에서 구오句吳를 건국하면서 중국 역사에 등장한
다.[35] 이후 19대 수몽壽夢이 오吳로 개칭하고 왕을 칭했으며 합려왕闔閭(BC
537~BC 496) 때 일모도원日暮途遠[36]의 고사로 유명한 오자서伍子胥(BC 559~BC
484)와 손자병법의 저자 손무孫武의 도움을 받아 초楚를 굴복시켜 춘추오
패가 된다. 그 후 합려는 손무가 만류하던 월나라 공격을 감행하다가 다
쳐 죽는다. 아들 부차왕夫差(미상~BC 473) 때 오자서와 손무의 보좌를 받아
이웃 월나라를 속국으로 만들며 최성기를 이루었으나 월나라 왕 구천句

---

35 사기 오태백세가.

36 해는 저물고 갈 길은 멀다. 오자서가 아버지와 형을 죽인 초 평왕의 시신에 300대의 매질을 하면
서 비난하는 사람들에게 한 말.

踐(520~465)이 미인계에 빠져 오자서를 죽게 하고 월나라의 반격을 받아 BC 473년 멸망한다. 그 이후로도 오나라 지역은 문화적 정체성을 꾸준히 지키며 서진西晋시대까지 중원과 다른 독자성을 유지한다. 그러나 서진이 북방민족에게 멸망하면서 일부 왕족과 귀족이 현재의 남경인 건업으로 내려와 동진東晋을 세우면서 중국 역사의 주 무대가 되었다.

백거이가 쑤저우에서 일하던 때에는 609년 운하가 개설되면서 옛 오나라의 수도지역이 쑤저우라는 이름으로 역사의 무대에 다시 등장하게 된 이후인 825년부터 827년까지이다. 따라서 이 무렵 쑤저우 지역은 상당 부분 중국화가 이루어졌지만 여전히 독자적인 문화를 가지고 있었다. 수수나 밀로 빚는 중원의 술과 달리 오나라 술은 찹쌀로 빚은 황주였을 것이다. 오나라 아가씨는 샤오싱 출신의 서시처럼 몸이 작고 마른 사람들이었다. 북방 출신의 백거이로서는 사뭇 이국적이면서 풍요로운 강남의 문화에 매료될 수밖에 없었다.

현재의 쑤저우는 충북보다 약간 큰 면적에 천만 명이 사는 한국 경기도의 규모에 해당하는 지급시로 내수면이 1/3을 차지하는 수향이다. 중국은 성급 밑의 행정단위로 한국의 광역시와 도의 규모와 비슷한 지급시를 두고 그 아래 현, 현급시를 두었다. 모두 시라는 명칭을 사용하니 지급시와 현급시 간의 혼동을 피할 수 없다. 이를테면 곤산시는 장쑤성 쑤저우시 쿤샨시(강소성 소주시 곤산시)이다. 외국인이 봐도 애석하니 본인들이야 말할 것이 없겠다.

북사탑北寺塔 베이스타

쑤저우 역에서 지하철로 한 정거장인 보은사報恩寺 북사탑으로 간다. 입구로 들어가 만나는 북사탑은 핸드폰으로는 다 찍기 어렵다. 8각 9층 탑이고 높이는 76m이니 우리나라 황룡사탑과 같은 규모이다. 절은 삼국시대인 238~251년에 통현사通玄寺라는 이름으로 처음 지어졌고 남조 양나라 때인 532년에 탑이 11층으로 처음 지어졌다. 734년에 개원사開元寺로 개칭되고 920년에 5대 10국 중 하나인 오월吳越의 왕이 920년경에 개원사를 다른 곳에 새로 지었다. 원래 개원사가 있던 이 자리에 지형산支硎山 보은사의 편액을 옮겨 달아 보은사라는 이름이 정해졌다.

북송 때인 1078~1085년, 9층탑으로 중건되나 1130년에 전화로 훼손되고 1153년에 이르러 8각 9층탑으로 다시 지었다고 한다. 오월국은

상하이, 시간을 걷는 여행

당이 멸망한 907년부터 송이 건국된 960년까지의 5대 10국 시대에 존속한 10개 남쪽지역 왕국 중 하나이다. 당의 절도사였던 전류錢鏐가 당의 멸망 후 세운 나라로 907년부터 978년까지 지금의 저장성과 쑤저우 지역에서 동시대에 가장 오랫동안 존속한 왕국이다.

특이하게도 단 71년 동안 존속한 왕국이면서 남아 있는 유적과 일화는 대단히 많다. 이는 오월왕국이 취한 평화전술이 사람들에게 깊은 긍정적인 영향을 주었기 때문이란 느낌을 받았다. 오월왕국은 강국에게는 철저하게 복속하면서 실리를 취할 때에는 가차없이 실리를 취하는 전술을 택했다. 왕국의 멸망조차도 최강국인 송宋에게 나라를 바치는 손국의 형식이었다. 마지막 왕인 전홍숙錢弘俶(929~988)은 회해국왕으로 봉해져 988년에 평온하게 사망했다. 당시는 공사 중이어서 애석하게 탑에 오를 수 없어 탑 내부를 돌았다. 8면 각각의 감실에 수인을 달리한 부처를 봉안했다. 예전엔 탑 주위에 물을 채워 넣은 듯하다. 관음전을 향하는 문은 둥그런 형태인데, 원융圓融을 상징한 장치라고 볼 수 있다.

관음전 벽엔 중화민국 초기 승려들의 계율을 새긴 석비가 있다. 세상이 어지러워 불법을 지키기 어렵지만 그렇더라도 꼭 지켜야 하는 계율은 무엇이며 어쩔 수 없이 계율을 어긴 경우 어떻게 해야 하는지를 정리해놓은 석비이다. 원융을 지상의 가치로 삼았던 이들은 극좌의 파멸적인 문화혁명을 어찌 넘겼을까? 그 뒤는 칠불전인데 칠불을 모신 절집은 처음 본다. 나중에 알고 보니 한국전쟁의 전화에 소실되기 전 월정사의 본전인 적광전 자리에 칠불보전이 있었다고 한다.

이외에도 몇몇 절집에서 칠불을 모시는 듯하다. 칠불은 석가모니를 포함해 이미 세상에 나타난 일곱 부처들이다. 불교의 가르침에 과거, 현재, 미래의 삼세三世에 각 천 명의 부처가 출현한다. 칠불은 과거겁에 출현한 천 명의 부처 중 세 부처와 현겁에 출현한 네 부처이고 칠불전은 이들을 봉안한 불전이다. 교리의 바탕이 되는 개념은 현겁의 부처 공덕이 당대에서 한 개인이 성취하기에는 너무나 크기 때문에 반드시 먼저 나타난 부처가 있었을 거라고 한다. 칠불전의 용마루가 멋지다. 후원은 자연미를 인공적으로 극대화한 양식이다. 돌이 자연석처럼 보이는데 가공한 돌이다. 흡사 우리나라 정원을 보는 것 같다. 현지 관광객이 없다면 마치 우리나라 호남의 원림에 온 듯한 느낌이다.

관음전, 칠불전, 후원에서 본 보은탑은 각각 조금씩 다른 감흥을 준다. 땅 위에 훤칠하게 서 있는 느낌, 천상에 떠 있는 느낌, 깊은 산속에 있는 느낌이다.

졸정원 拙政園 (쮜정웬)

이제 졸정원으로 간다. 현지 발음으론 쮜정웬. 16세기 초 오파吳派와 절파浙派가 경쟁하던 중국의 화단에서 오파의 영수로 활동하여 향후 사백 년간 중국미술에 지배적인 영향력을 행사하게 될 문징명文徵明(1470~1559)이 친구 왕헌신王獻臣[37]을 위해 설계한 정원이다. 자신이 졸정원을 소재로 그림 31폭을 그려 거기에 여러 명사들로부터 글을 받아 『왕씨졸정원기』란 시화집을 남겼다. 서문 앞부분은 가히 졸정원의 설계도라 할 만큼 정교하고 상세하다.

王氏拙政園記[38] 왕씨졸정원기

槐雨先生王君敬止所居, 在郡城東北界婁, 齊門之間, 居多隙地, 有積水亙其中, 稍加淩治, 環以林木, 爲重屋其陽, 曰夢隱樓 ; 爲堂其陰, 曰若墅堂.

매우선생 왕경지君이 사는 곳은 군성의 동북 변두리로 제문에 붙어 있다. 사는 곳에는 땅에 틈이 많고 늘 그 속에 고여 있어서 문득 더 깊게 파고 수풀과 나무로 둘렀다. 이층집은 양으로 삼아 몽은루(견산루의 옛 명칭)라 이르고 당은 그 음으로 삼아 약서당(원향당의 옛 명칭)이라 한다.

---

37 1493년 진사급제, 감찰어사를 거쳐 고주통판(高州通判)을 지낸 후 고향인 쑤저우로 돌아와 집 근처 대홍사(大弘寺) 폐사지를 차지하여 졸정원을 지었다.

38 전반부만 인용한다.

堂之前爲繁香塢, 其後爲倚玉軒, 軒北直夢隱, 絶水爲樓, 曰小飛虹. 逾
小飛虹而北, 循水西行, 岸多木芙蓉, 曰芙蓉隈. 又西, 中流爲榭, 曰小滄
浪亭. 亭之南, 翳以修竹. 經竹而西, 出於水澨, 有石可坐, 可俯而濯, 曰
志清處.

당 앞은 번향오[39]로 하고 그 뒤엔 의옥헌을 만드니, 헌의 북쪽은 몽은이
고 물을 가로질러 다리를 놓아 소비홍이라 한다. 소비홍 너머는 북이니
물을 서쪽으로 두르고, 언덕에는 목련을 낮게 심어 부용외라 부른다. 다
시 서쪽으로는 중류에 정자를 내어 지어 소창랑정이라 한다. 정자의 남
쪽은 대숲을 다듬어 햇빛을 가린다. 대숲을 가로질러 서쪽으로 물가로
빼내 돌자리를 두어 구부려 씻게 하니 지청처라 부른다.

至是, 水折而北, 混漾沙彌, 望若湖泊, 夾岸皆佳木, 其西多柳, 曰柳隩. 束
岸積土爲臺, 曰意遠臺. 臺之下植石爲磯, 可坐而漁, 曰釣. 遵釣而北, 地益
迥, 林木益深, 水益清駛, 水盡別疏小沼, 植蓮其中, 曰水花池.

여기서 물을 북으로 돌려 깊게 일렁이고 아득히 머니 바라보면 호수 같
고 언덕을 끼고는 다 어여쁜 나무 그 서쪽에는 버드나무가 많아 유오라
한다. 동쪽 언덕은 흙으로 대를 쌓아 의원대라 한다. 대 아래 돌을 심어
기를 만들어 앉아 낚시할 수 있으니 조라 한다. 조에 이어 북으로 땅이
더욱 멀면 물이 더욱 맑게 달리고 물이 다하면 따로 열린 작은 못을 두

---

39 각각 번향오-향이 자욱한 언덕, 의옥헌-옥에 기대는 마루, 몽은루-꿈이 쉬는 루각, 소비홍-작게
날아오르는 무지개, 의원대-뜻을 멀리 펴는 돋이라는 의미이다.

고 그 속에 연을 심어 수화지라 한다.

池上美竹千挺, 可以追涼, 中爲亭, 曰淨深, 循淨深而東, 柑橘數十本, 亭曰
待霜.

又東出夢隱樓之後, 長鬆數植, 風至冷然有聲, 曰聽松風處, 自此繞出夢隱
之前, 古木疏篁, 可以憩息, 曰怡顏處.

못 위로 아름다운 대나무가 수없이 돋아 서늘함을 찾을 수 있으니 가운
데 정자를 만들어 정심이라 한다. 정심을 돌아 동쪽으로 감귤 수십 그
루, 정자를 대상이라 한다. 다시 동쪽으로 나온 몽은루의 뒤쪽으로 키
큰 소나무 몇 그루를 심어 찬바람이 불 때 소리가 일어나니 청송풍처라
한다. 여기에서 둘러나와 몽은 앞으로 고목과 성긴 대나무숲, 쉴 수 있
으니 이안처라 한다.

又前循水而東, 果林瀰望, 曰來禽囿.[40] 囿盡練四檜爲幄, 曰得真亭, 亭之後,
爲珍李阪, 其前爲玫瑰柴, 又前爲薔薇徑, 至是, 水折而南, 夾岸植桃, 曰桃花
汧, 汧之南, 爲湘筠塿, 又南, 古槐一株, 敷蔭數弓, 曰槐幄, 其下跨水爲檟.

다시 앞에 물을 둘러 동으로 과실나무가 멀리 보이니 래금유라 한다.
동산이 다한 데에 네 전나무를 얽어 장막을 치니, 득진정이라 한다. 정
자의 뒤는 진귀한 오얏나무 언덕으로 하고 그 앞은 덩굴장미섶을 올리
고 또 그 앞에는 장미길을 만들었다. 여기에서 물을 구부려 남쪽으로
언덕을 끼고 복숭아를 심어 도화반이라 하고 반의 남쪽은 상균오를 만

---

40 래금유는 새가 오는 동산을 뜻한다. 유는 동물을 기르는 정원이다.

든다. 다시 남쪽으로 늙은 회화나무 한 그루 그늘을 몇 길을 드리우니 괴옥이라 한다. 그 아래 물을 건너 작은 다리를 둔다.

逾橋而東, 篁竹陰翳, 榆槐蔽虧, 有亭翼然, 西臨水上者, 槐雨亭也. 亭之後 爲爾耳軒, 左爲芭蕉檻, 凡諸亭檻臺榭, 皆因水爲面勢. 自桃花泮而南, 水 流漸細, 至是伏流而南, 逾百武,[41] 出於別圃叢竹之間, 是爲竹澗.

다리 너머 동쪽으로 황죽이 그늘을 드리우고 느릅느티나무 그늘이 이 지러지는 데에 정자가 있어 날개를 펼치니 서쪽으로 물을 두고 솟은 것, 괴우정이다. 정자의 뒤쪽에 이이헌을 두고 왼쪽으로 파초람을 둔다. 무릇 모든 정람대사, 모두 물을 바라고 자리를 잡는다. 도화반에서 남으 로 물은 점차 가늘어지고, 여기서 숨어 흘러 남으로 백무를 지나 대숲 에서 나오니 죽간으로 한다.

竹澗之東, 江梅百株, 花時香雪爛然, 望如瑤林玉樹, 曰瑤圃. 圃中有亭, 曰嘉實亭, 泉曰玉泉. 凡爲堂一, 樓一, 爲亭六, 軒, 檻, 池, 臺, 塢, 澗之屬 二十有三, 總三十有一, 名曰拙政園.

죽간의 동쪽, 강매 백 그루. 꽃향과 눈이 난만하면 옥의 숲 구슬나무처 럼 보이니, 요포라 한다. 포중에 정자가 있으니 가실정이라 하고 샘은 옥천이라 한다. 무릇 당이 하나, 루가 하나, 정이 여섯, 헌, 람, 지, 대, 오, 간에 속하는 것이 스물셋이니 모두 서른 하나, 이름하여 졸정원이다.

---

41 30m에 해당한다.

문징명이 처음 설계할 때는 자연지형을 최대한 살려 얕은 곳은 파내고 파낸 흙으로 높은 곳에 대를 쌓아 얼개를 잡았다. 그리고 나서 천지의 운행에 맞게 몽은루夢隱樓와 약서당若墅堂을 각각 양과 음의 주인으로 두고 음양이 어울리게 31개의 원림요소를 배치한 셈이다. 현재의 배치는 꽤 달라졌다. 몽은루가 견산루見山樓로 이름을 바꾸어 여전히 양의 중심인 것은 맞으나 2층 루각인 향주가 음의 자리에 새로 지어져 양이 음을 침범한 형세이고 약서당은 원향당遠香堂으로 이름을 바꾸었다. 후대에 새로 더하면서 음양의 관점에서보다는 실용적인 관점에서 고친 듯하다.

졸정원에 지은 원림園林 요소의 유형을 살펴보면 생활공간인 당堂, 관상용으로 2층으로 지은 루樓, 작은 규모로 지은 휴식공간인 정亭, 막힘이 없이 채광을 좋게 해서 서재나 다실로 쓰는 헌軒, 물가에 지붕과 난간으로 간단히 구성하여 바람을 쐬며 연못의 아름다운 빛을 즐기는 람檻, 물가에 연못으로 들여 난간과 의자를 갖춰 지은 사榭, 연못인 지池, 사방이 트인 대臺, 흙을 돋워 만든 언덕인 오塢, 샘처럼 물이 흘러나오게 안배한 간澗이 있다.

사람이 많아 첫 건물인 난설당蘭雪堂, 철운봉綴雲峰, 부용사芙蓉榭는 정신없이 지났다. 여기까지는 건물 이외의 조경을 최근에 다시 한 듯하다. 나머지 공간과 어울리지 않는다는 느낌을 받았다. 언젠가 천천히 음미할 날이 오면 좋겠다. 처음 꼼꼼히 본 건물은 하늘우물정자 천천정天泉亭이다. 여기에 정자를 세운 까닭은 물맛을 아껴 차를 달이려 함이다.

　중원中園의 초입 오죽유거梧竹幽居 안에 있으니 바깥 경치가 다 그림이다. 그다음은 원향당과 의옥헌倚玉軒이 눈에 든다.

　원향당의 이름은 송의 유학자 주돈이周敦頤(1017~1073)의 애련설의 유명한 구절 향원익청香遠益淸에서 따왔겠다. 연꽃에 어울리는 이름이다. 강세황姜世晃(1713~1791)의 유명한 그림 〈향원익청〉 또한 「애련설」에서 이름을 땄다. 원향당의 옛 이름은 약서당, 들에 나온 듯한 집이란 의미인데 바로 졸정원의 음陰의 주인이다. 낮게 아름답되 눈에 띄지 않게 지어졌고 의옥헌이 그 옆에서 도와주는 형세이다. 「애련설」을 되새기지 않을 수 없다.

愛蓮說	애련설
水陸草木之花,	물뭍의 풀나무꽃
可愛者甚蕃.	사랑할 만한 것 아주 많으니
晋陶淵明獨愛菊,	진 도연명 오직 국화를 사랑했고
自李唐來,	이씨의 당이래
世人甚愛牡丹,	뭇사람 모란을 몹시 사랑했어라
予獨愛,	나 오직 사랑하매
蓮之出於泥而不染,	연은 나온 곳이 진흙이나 더럽지 않고
濯淸漣而不夭,	맑은 물결에 씻히되 홀리지 않네
中通外直,	속은 통하여 겉은 곧고
不蔓不枝,	덩쿨도 없고 가지도 없으니
香遠益淸,	향은 멀리 미쳐 맑음을 더하네
亭亭淨植,	정정하고 깨끗히 서
可遠觀而,	멀리서 볼 순 있으되
不可褻玩焉,	노리개로 할 수 없느니

予謂,　　　　　　　　내 이르되

菊花之隱逸者也,　　　국화는 숨어서 뛰어난 것이고,

牡丹花之富貴者也,　　모란은 가멸고 귀한 것이고,

蓮花之君子者也.　　　연꽃은 군자인 것이다.

噫,　　　　　　　　아

菊之愛,　　　　　　국화를 사랑함은

陶後鮮有聞,　　　　도의 뒤로는 드물게 들었으니

蓮之愛,　　　　　　연을 사랑함이

同予者何人,　　　　나 같은 사람은 몇 사람이랴

牡丹之愛,　　　　　모란을 사랑함은

宜乎衆矣.　　　　　마땅하거니 많겠지

　　향주香洲와 옥란당玉蘭堂은 아마도 문징명의 설계에서 목련을 심었던 부용외芙蓉隈[42]의 자리이다. 견산루에서는 연꽃을 충분히 보기 어려워 후대에 누군가가 부용외 자리에 양의 배치인 향주를 세우고 그를 보완하기 위해 음의 배치인 옥란당을 같이 지은 듯하다. 실용적이면서 음과 양이 같이 어울리니 나쁘지 않다. 이념이 지나치면 불편하고 편벽된 법이니 아무리 선한 척해도 선할 수 없다. 그래도 봄꽃인 목련이 없으니 하릴없이 지나갈 봄이 아깝다.

---

42 '목련이 핀 산모퉁이'란 의미이다.

졸정원의 양陽의 주인은 견산루이다. 북쪽의 밝고 트인 장소에 우뚝 서서 그 양을 당당하게 드러낸다. 견산루는 원래 윗층을 부르는 이름인데 도연명의 유명한 오언고시 「음주, 술을 마시며」 스무 편의 다섯 번째 시의 한 구절인 〈동쪽 울 아래 국화 꺾다가 멀리 남산을 보네〉에서 따왔다. 1층은 삼면이 연꽃으로 가득한 호수로 둘러싸여 있어 우향사藕香榭로 불린다. 우향은 연꽃향, 사는 삼면이 물로 둘러싸인 정자를 일컫는다.

도잠(365~427)의 음주는 언제 읽어도 절창이다.

飮酒(其五)　　　술을 마시며 5

結廬在人境　　　오두막 엮으니 사람 사는 곳

而無車馬喧　　　그래도 마차 시끄러움 없네

問君何能爾　　　그대 묻는가 어찌 그럴 수 있냐고

心遠地自偏　　　마음이 멀면 땅도 저절로 따르지

採菊東籬下	동쪽 울 아래 국화를 꺾다가
悠然見南山	멀리 남산을 보네
山氣日夕佳	산 기운은 저녁 놀에 아름답고
飛鳥相與還	새들은 짝지어 돌아오네
此中有眞意	그 속에 참된 마음 있는 걸
欲辨已忘言	헤아리려다 말을 잊고 말았네

    견산루에서 보는 풍경은 바깥 경치를 실내로 들이는 차경의 최고봉이다. 회랑 바깥 둘레로는 '오왕의 난간-오왕고吳王靠'를 둘렀다. 안에는 문방사우를 갖춰 운치를 더한다. 견산루의 창틀은 개성이 넘치면서 아름답다. 졸정원의 창틀 문양은 당우마다, 층마다 모두 다르다.

서원의 초입에는 도영루倒影楼가 자리 잡았다. 안에 걸린 배문읍심지재拜文揖沈之齋 편액은 문징명과 그의 스승인 심주沈周[43](1427~1509)를 참배하는 곳이라는 의미를 담았다. 문징명에 대한 찬사는 따로 보관해두었다. 도영루라는 이름에서 보듯 2층 누각이고 연못에 비친 야경이 아름답다고 한다.

서원의 북쪽 맨 끝에 자리한 분경원은 작은 나무부터 2m가 넘는 나무까지 다양한 분재를 모아두었다. 분경원에서 이어지는 삼십육 원앙관은 청나라 말기에 스테인드 글라스를 도입하여 지은 당우이다. 그 밖으로 나가면 파형랑波形廊 회랑이 연못에 비친다. 연못 안에는 돌탑이 운치를 더한다. 회랑 쪽으로 탑영정塔影亭, 건너편에는 여수동좌헌與誰同坐軒이 자리 잡았다. 회랑은 다른 당우로 이어지는데 정작 안에 들어오니 무슨 건물인지 살필 틈이 없다. 그저 즐길 뿐이다. 돌다리가 나타나고 돌다리

---

43 오파의 창시자로 그의 제자 文徵明, 唐寅, 仇英과 함께 명 4대가(明 4大家)로 불린다.

건너로 다시 원향당이 나타난다. 졸정원의 여주인답게 예쁘다.

원향당을 보면서 계속 진행하면 생활공간이 나타난다. 영롱석玲瓏石
이 있으니 영롱관玲瓏館이다. 영롱석은 중국원림의 필수요소 중 하나다.
중국인들은 강남 3대 명석名石으로 상하이 예원豫園의 옥영롱玉玲瓏, 쑤저
우 유원留園의 관운봉冠雲峯, 항저우 서호의 축운봉縐雲峯을 꼽는다. 처음
에는 추상적인 미학의 관점에서 변화를 주기 위해 도입한 장치였는데
어느 순간 부의 과시를 위한 사치품으로 전락했다. 사실 내가 가본 대
부분의 관광지, 심지어 한산사와 같은 사찰에도 예외없이 영롱석을 배
치했다. 한산사 영롱석의 이름은 관음봉觀音峰이다. 영롱관 옆 당우의 문

위에는 연월延月, 〈달을 맞이하다〉라는 문패가 붙어 있다. 설계자인 문징명의 취향이 드러나는 안배다. 가지런한 장식품들이 그의 취향을 반영한다고 믿고 싶다.

나오기 전에 가마가 진열되어 있다. 공자의 인본주의를 기본윤리로 채택한 동양에서 고대에 동서양에서 두루 쓰이던 마차를 쓰지 않고 근대에 이르기까지 가마를 쓴 이유를 아직도 모르겠다.

상하이, 시간을 걷는 여행

쑤저우 박물관과 샨탕제

졸정원 관람 후 쑤저우 박물관 근처 맛집으로 점심을 먹으러 갔는데 점심시간이 끝났다 하여 하는 수 없이 길 건너 편의방미식便宜坊美食이란 식당으로 가서 대충 주문했는데 입맛 까다로운 아내가 맛있게 먹는다. 양도 넉넉하고 가격도 아주 저렴하다. 털게떡찜, 모해연고毛蟹年糕의 맛은 맛있는 간장떡볶이 맛이다. 우리나라 흰 떡의 유래가 강남지방의 연고年糕일지도, 어쩌면 그 반대일 수도 있는데, 같은 재료로 비슷한 음식을 만드는 것은 어쩌면 당연한 일처럼 느껴질 수도 있다. 그러나 중국의 다른 지방에서 만들어 먹는 연고는 강남지방과 다른 재료를 사용하여 전혀 다른 맛을 내는 듯하다. 굳이 유래를 따지기보다는 같은 문화를 공유하고 있다는 데 의미가 크다. 가지부각은 가지를 저며 고기로 소를 넣고 찹쌀을 입혀 튀겼다. 부추춘권은 기름이 약간 과하지만 맛있다. 밥에 돼지고기와 채소를 섞어 짭짤하게 만든 돼지고기 채반은 아내는 짜다 했는데 내 입맛에는 나쁘지 않았다. 강남지역은 아열대에 가까운 온대지방으로 우리나라보다 음식이 조금 더 짜다.

　　소박한 음식이 사소하지만 큰 즐거움을 준다. 늦은 점심에 온 손님을 정성스레 맞이해준 식당 사람들이 고맙다. 추석 연휴 동안 손님들이 어마어마하게 많이 오기 때문에 내가 경험한 서비스 수준을 꾸준히 유지하기는 쉽지 않을 것이다. 점심을 먹은 후 박물관에 가서 서관부터 관람한다. 전시실 한쪽에 육각 창을 냈는데 그 안에서 석류가 익어간다.

　　춘추시대 동검은 우리나라 비파형 동검의 신령한 기운은 느끼기 어려우나 단정한 디자인이다. 한국과 마찬가지로 중국에서도 동검은 제후

왕들이 주로 의식용으로 사용했으니 이 검도 오왕이 사용했겠다.

동한東漢시대의 인형에서는 진용秦俑에서 발휘된 고대 중국 조소 예술의 사실적 묘사의 기량이 두드러진다. 호자虎子는 남조시대 유물인데 용도에 대해서는 타구 또는 소변기로 여전히 논란 중이다. 심지어 우리나라 조선시대 실학자들 사이에서도 논란거리였다. 옛 기록에 두 용도가 다 기록되었으니 어쩌면 두 가지 다였을 가능성도 큰데 작은 게 있어서 논란을 불러일으킨다. 아무래도 둘 다가 맞는 듯. 하나를 두 용도로 쓴 것이 아니라 하나는 타구로, 다른 하나는 소변기로 썼을 것이다. 혹시 둘 중에 하나만 택하려는 태도는 고대인들은 생각지도 못했던 편협함일지도 모른다.

사람에게는 한쪽으로 단순화해서 보려는 특성이 있다. 3차 혁명시대에는 그런 특성이 유리했을 수도 있으나 4차 혁명시대에는 다양한 관점을 포용하는 통섭의 태도가 필요불가결하다. 한국의 호자는 주둥이가 왼쪽으로 틀어진 형태여서 두 나라 호자는 쉽게 구분할 수 있다. 응용이라는 한국의 뛰어난 문화 특성을 잘 보여주는 부분이다.

비색청자연화완祕色瓷蓮花碗은 10세기 말~11세기 초 무렵 오대五代에
서 북송 초기의 월요청자越窯靑瓷의 명품인데 호구虎丘 운암사탑雲巖寺塔 3
층에서 발견됐다. 불구佛具로 사용한 자기이다. 꽃잎 하나하나 조형도
아름답고 비색翡色의 색조도 뛰어나다. 쑤저우 박물관에 전시된 중국 국
보 3점 중 하나이다. 월요를 그렇게 발전시킨 사람들이 바로 오월왕국
사람들이다. 월요는 지금도 여전히 명성이 높다. 관음觀音은 시대가 어
려울수록 찾게 되는 보살이다. 이 관음은 남성의 모습으로 초기인 원나
라 때 조성된 관음이다. 명 왕석작王錫爵[44](1534~1611) 부부묘 출토 마노瑪
瑙 장식은 부정형의 미학을 즐기는 세련된 취향을 보여준다.

백자병의 단순하고 아름다운 조형은 술맛을 더해주었을 것이다. 명
영락 연간(1403~1424)의 청화백자전지화훼완靑花白瓷纏枝花卉碗은 독일 마

---

44 명나라의 쑤저우 출신. 저명한 정치가로 임진왜란이 일어났을 때 명을 침략하려는 일본의 의도를
간파하고 조선에 지원군을 보내자고 주장한 사람들 중 하나이며 임진왜란 다음 해에 내각수반인 수
보(首輔)가 되었다.

상하이, 시간을 걷는 여행

이센Meissen 도자기의 쯔비벨무스터Zwiebelmuster[45]의 오리지날이다. 베스트셀러 유럽도자기여행 시리즈의 조용준 작가 덕분에 알게 된 지식이 도자기를 감상할 때 큰 도움이 되었다. 세상은 감사해야 할 일 투성인데 잊기는 쉽다.

청나라 강희 연간(1661~1722)의 투각그릇인 청화인물투조완靑華人物透彫碗과 채색꽃병은 당대 최고 수준의 기술과 전위적인 실험정신을 자랑한다. 시대정신에 맞춰 살아야 할지 앞서서 살아야 할지는 각자의 선택이다. 생활은 시대에 맞춰서, 미적인 감각은 앞서서 살 수도 있겠다.

청 건륭 연간(1735~1796)에 만든 분채녹리화형배粉彩綠裏花形杯는 분채기법으로 색을 내고 안을 파랗게 물들인 꽃 모양 잔이란 의미이다. 잔속 푸른색이 현대적인 감성으로 감탄을 자아낸다. 분채는 법랑채琺瑯彩와 더불어 청의 궁정용으로 창조된 새로운 기법으로 비소를 사용해서

---

45 양파문양이라는 뜻으로 마이센 도자기회사가 1720~1739년간 20년에 걸친 노력 끝에 중국의 청화백자를 재현하는 데 성공하면서 중국 도자기의 석류, 복숭아, 대나무, 연꽃, 국화꽃 문양을 짜집기하는 과정에서 창조된 패턴이다.

색채를 화사한 느낌이 들도록 가공하는 기술이다. 잔 아래는 꽃받침 모양으로 이 잔을 밝은 햇빛 아래에서 들면 화사한 꽃잎이 바람에 하늘거리는 느낌을 줄 것이다.

45년 전 초여름, 집안 어른들이 농사일 도중 나무 아래 평상에서 점심을 드시면서 반주와 함께 담소를 나누던 모습을 본 적이 있다. '낮술은 저렇게 마시는 것이구나' 하고 생각했었다. 그분들께서 이 잔을 드셨다면 참 좋았을 것이다. 경도가 꽤 높은 옥을 파내고 쪼아내 만든 다과 그릇은 당시 사람들의 기술 수준과 여유를 말해준다. 두꺼비는 다산다복의 상징이다. 죽음의 공포가 횡행하던 시절에 이 옥두꺼비는 사람들에게 큰 위안을 주었을 것이다. 필통은 옹정 연간에 대나무로 제작되었다. 명의 풍요로움에 익숙하던 사람들이 청의 엄격함을 받아들였던 이유는 문화를 존중하던 만주족의 태도 때문일 수도 있다.

　　청나라시대에 제작된 자단양금사紫檀鑲金絲 새장은 다양한 취미활동을 아우르는 정교한 세공술로 당시의 풍요로움을 웅변한다. 자단목을 골조로 해 새장을 만들었다. 가느다란 자단목에는 금은으로 상감象嵌하고 세부에도 세세한 장식을 입혀 당대 최고 수준의 공예술을 보여준다. 19세기 초 쑤저우 인구는 백만을 넘어[46] 백만을 수용하던 베이징과 난징을 제치고 중국 제일의 도시가 되었던 때다.

　　중화민국 초기 상아로 제작된 어초경독상漁樵耕讀像은 각각 한 노인

---

46 중문판 위키피디아에서 재인용. 1851년 쑤저우부(현재의 쑤저우시와 상하이시의 쑤저우허 북쪽) 인구 654만.

이 고기잡이, 나무하기, 밭 갈기, 책 읽기를 두루두루 부족함 없이 영위하는 모습을 통해 동아시아의 이상적인 인간상을 묘사한다.

　우리나라에서 금복주 상으로 유명한 이 조각이 미륵불이란 건 여기와서 처음 알았다. 범어 마이트레야Maitreya, 팔리어 메테야Metteyya, 영어에서 메시아Messiah가 된 미륵에게 중국인들이 투사한 이 천진하고 넉넉한 구원자의 개념은 매우 생소하나 즐거운 경험이다. 송대 사대부의 서

　　상하이, 시간을 걷는 여행

재를 묵희당 송재墨戲堂 宋齋라는 이름으로 재현했다. 송대의 취향은 주돈이, 정호, 정이, 주희로 이어지는 도학의 전통으로 하여 형이상학적이고 고상하다. 이 형이상학적인 태도가 합리적인 사고를 저해하여 동아시아의 발전에 심대한 악영향을 끼쳤다는 점은 역설적이다.

박물관의 정원은 예부터 수려하기로 유명한 쑤저우의 아름다운 산수를 재현했다. 박물관 건물과 어울려 멋진 화음을 만들어낸다.

박물관은 태평천국 충왕부로 이어진다. 태평천국을 최후까지 사수한 충왕 이수성忠王 李秀成(1823~1864)의 왕부이다. 우리나라의 동학농민운동과 유사한 태평천국의 난은 1851년 국가 수립으로 이어지지만 1864년 8월 중국의 체제수호 의병과 2차 아편전쟁에서 승리한 영불연합군이 합세하여 진압한다. 이때 체제수호를 위해 등

장한 지식인 의병장인 증국번(1811~1872), 이홍장(1823~1901)과 같은 인물들이 향후 중국 역사를 주도하게 된다. 태평천국의 난으로 사망한 사람의 수는 최소 2천만 명으로 중국의 무력화를 초래해 결국 청일전쟁에서 일본이 승리하는 원인이 된다. 역사의 경위의 짜임을 생각하면 숙연해질 수밖에 없는 현장이다. 만약 동학이 국가를 수립했다면 어땠을까?

이때 일본이 한 일을 살펴보면 배울 점이 있다. 1860년 청이 2차 아편전쟁에서 패한 후 태평천국의 난이 막바지로 치닫던 1862년 5월 일본 에도 바쿠후의 사절단이 상하이의 영국조계를 방문한다. 이때 조슈번의 번주 모리 다카치카毛利敬親(1837~1869)의 명을 받아 수행원으로 따라온 젊은 사무라이 다카스기 신사쿠高杉晋作[47](1839~1867)는 청이 2차 아편전쟁에서 명분 없는 영불 연합군에게 패해 동아시아 질서가 무너지고 바로 그 외국군대가 태평천국의 난을 진압하는 현장을 목격하고 충격을 받는다. 두 달 뒤 귀국해서 극단적인 서양세력 배척을 주장하면서 양이파攘夷派를 선동해 도쿄 시나가와에 건설 중이던 영국공사관에 방화한다.

이때 이토 히로부미伊藤博文(1841~1909)가 막내로 참여한다. 바쿠후는 신사쿠를 소환해서 근신에 처한다. 다음 해 1863년 5월 양이파가 집권한 조슈번은 시모노세키 해협을 봉쇄하고 미국 상선, 프랑스 연락선, 네덜란드 상선을 차례로 공격하지만 6월에 미국과 프랑스 함대의 포격을

---

47 일본 우익의 사상적 아버지 요시다 쇼인(吉田松陰, 1830~1859)의 수제자이다.

받고 대패한다. 번주는 신사쿠에게 군사개혁을 맡기고 젊은 사무라이 다섯 명[48]을 선발해 영국으로 유학 보낸다. 신사쿠는 사무라이가 전투를 전담하는 것이 당연한 일본에서 처음으로 하급사무라이, 농민, 상인계층을 망라하는 기병대, 기헤이타이, 奇兵隊, 말 그대로 이상한 병사들의 군대를 창설한다.

이외에 응징대鷹懲隊, 팔번대八幡隊, 유격대遊擊隊, 심지어는 백정들로 구성된 도용대屠勇隊도 조직하고 상급사무라이로는 선봉대先鋒隊라는 별도 부대를 만들어 각 부대가 경쟁하도록 했다. 여러 부대를 망라해서 제대諸隊라 일컬었다.[49] 신사쿠가 만든 이 제대는 1868년 바쿠후군을 격파하고 일본의 메이지유신을 성공으로 이끄는 군사적 기반이 된다. 쇄국양이파였던 영국유학파 5명은 개국양이파開國攘夷派가 되어 귀국해서 메이지유신의 정치적인 원동력이 된다. 신사쿠 자신은 1864년부터 시작해 1867년에 끝나는 바쿠후의 두 차례에 걸친 조슈정벌을 저지하고 나서 폐결핵으로 죽는다. 그와 동료들이 한국에 엄청난 해악을 끼친 것은 명백한 사실이지만 개혁이 무엇인지 제대로 보여준 사람이다. 바쿠후 사절단의 상하이 현장견학은 여러 가지 정황상 일본을 러시아 견제역으로 키우려던 영국의 심모원려였던 것 같다. 가슴 아픈 대목이다. 무엇

---

48 조슈 5걸이라 불리는 이토 히로부미, 도쿄대학 공학부 창립자 야마오 요조(1837~1917), 일본 조폐의 아버지 엔도 긴스케(1836~1893), 정치가 이노우에 가오루(1836~1915), 일본 철도의 아버지 이노우에 마사루(1843~1910)이다.

49 조용준, 『메이지유신이 조선에 묻다』(2018).

을 하든 하려면 제대로 끝장을 보는 것이 중요하다.

관람을 마치고 택시를 잡기가 힘들어 인력거로 북사탑 지하철역으로 이동한 다음 전철로 산당가山塘街, 샨탕지에로 이동한다. 풍경은 칠백년 전 마르코 폴로가 보던 그대로일 것이다. 시간이 된다면 여기서 소주하까지 천천히 걸어가도 좋다. 운좋게 자리가 나서 노천카페에 앉아 커피와 맥주를 마셨다. 상유천당 하유소항上有天堂 下有蘇杭, 하늘에는 천당, 땅에는 쑤저우와 항저우라는 말이 실감나는 풍경이다. 9월 말의 쑤저우는 그야말로 천당이다.

상하이, 시간을 걷는 여행

영은사와 서호 밤풍경

X

지친 영혼의 안식처

서호의 아름다움은 잊기 어렵다. 이번엔 링인스(영은사)를 오후에 가는 것으로 계획했다. 고속철로 항저우 동역까지 간 다음 전철로 롱샹챠오龍翔橋로 가서 자전거를 타고 출발한다. 첫 여정은 고산도孤山島까지 자전거로 이동한 다음 백제白堤를 걸어 건너오는 코스다. 망호루望湖樓와 망호루에서 보는 서호는 그림 같다. 망호루는 967년 오월왕 전숙을 위해 간경루看經樓라는 이름으로 처음 지었고 송으로 병합된 이후 개명했다. 지금은 찻집으로 사용하는 듯하다.

망호루 옆 멋진 서양식 건축물은 1907년에 8대째 비단상점을 하던 부호가 바오칭회관抱青會館(포청회관)이란 이름으로 지었다. 중화민국 시절인 1929년 서호박람회에서 전시장으로 사용되었고 중공건국 후 민가로 사용하다가 지금은 포청별서抱青別墅란 이름으로 항저우예술전시센터로 사용한다. 이 근처에는 중화민국 총통이었던 장경국이나 암흑가의 두목 두월생 같은 중국의 권력자와 부호들의 이야기가 얽혀 있는 곳이 많다. 고산도로 진입한다. 중국인들이 이순신 장군만큼 존경하는 명장이자 충

신, 악비岳飛(1103~1142)의 사당인 악왕묘岳王廟가 이 근처다. 개탄스럽게
도 그 시신조차 홍위병에게 불태워져 사라졌다.

서호의 세 섬 중 작은 인공섬 둘이 있는데 사진의 오른쪽이 가장 작
은 완공돈阮公墩, 왼쪽이 호심정湖心亭이다. 완공돈은 청 초기 저장성 순
무巡撫 완원阮元이 주민을 동원해 호수를 준설했다. 그 흙으로 만든 섬을
완돈환벽阮墩環碧이라 이름 붙여 부르니 '섬을 둘러싼 푸른 옥'이란 의미
이다. 호심정은 가장 오래된 섬으로 섬의 정자는 중국의 4대 이름 난 정
자 중 하나인데 대중에게는 쉽게 개방되지 않은 듯하다. 이 근처에 저장
성 박물관과 서호 미술관이 있다. 서호 미술관 입구에는 차이위안페이
와 린펑미엔의 동상이 있다.

고산과 서호가 만나는 평호추월平湖秋月, '잔잔한 호수에 드리운 가
을 달'이다. 말을 잃게 하는 풍경이다. 보름달이 뜬 밤에 본다면 말할 나
위가 없겠다. 중국인들의 효성은 지극하다. 휠체어 두 대에 탄 노인들의
표정이 더할 나위 없이 행복해보여 보고 있는 나도 덩달아 행복해진다.

　　백제白堤를 걷는다. 백거이가 태수로 있을 때 쌓은 제방이어서 그 이름을 땄다. 저수지의 이름은 북리호北里湖이다. 호숫가 보석산의 능선엔 오월왕 전홍숙이 천여 년 전인 948~960년 무렵에 세운 62m 높이의 보숙탑保俶塔이 여전하고 하늘엔 놀이꾼들이 연을 풀어놓았다. 보석산의 노을을 일컬어 보석유하宝石流霞, '보석 위로 흐르는 노을'이라 부른다.

　　이제 버스를 타고 링인스로 간다. 우리말로 영은사靈隱寺로 영혼들이 숨어 드는 절이란 뜻이다. 링인스(영은사)에 도착했다. 사하촌에는 채식 식당과 피자헛도 있다. 채식 식당에 가려 했는데 눈앞에 자장면집이 나

상하이, 시간을 걷는 여행

타난다. 드디어 중국 자장면을 먹어볼 기
회다. 조선된장으로 집에서 만든 듯한 맛
이 난다. 왼쪽 위에 장아찌 비슷한 것이
따로 파는 2원짜리 챠샤이이다. 그럭저럭
자장면에 대한 향수는 달랠 수 있다.

　　밥을 먹고 가다가 왼쪽이 그럴듯해 보
여 그리로 간다. 법경사를 만나서 이 절이 영은사인가 혼자 자문해본다.

　　고루와 종루를 지나면 이 절의 본전인 원통보전이 나타난다. 벽창이
색색으로 아름답고 원통보전 뒤로 약사전이 이어지는데 통로의 양쪽으
로 연못이 있다.

사람들이 부처에 의지하는 것은 그가
인간에게 주어진 영원한 주제, 행복에 대
해 가장 깊고 폭넓게 오랜 시간 동안 고민
하며 해법을 찾아서 여러 사람과 나눴기
때문이다. 부처를 둘러싼 신장들이 십이지
신이다. 돈을 넣는 구멍인지 사람들이 각
자 자신의 신장들을 찾아서 구멍 안으로

동전을 집어넣는다. 해법을 배우는 것은 쉽지 않으므로 시주施主라는 쉬운 방법으로 위안을 얻는 것이 인지상정일지도 모른다. 길을 나와 계속 올라가는데 뭔가 잘못됐다. 영은사가 아니다. 법경사 위의 절 안내판을 보니 삼천축사의 두 번째 절이다. 영은사로 가는 길이 아닌데 길이 아름다워 아무 생각 없이 여기까지 왔다. 지도 앱에서는 사하촌에서 500m라고 했는데 무려 2km 가까이 걸었다. 갑자기 발이 아프다. 서호에서 걸은 것까지 5, 6km는 걸었으니 바닥이 얇은 훼이유에飛躍 운동화로는 무리였다.

여기서 돌아가야 했다. 앱을 보니 2km를 걸어 내려가야 한다. 사실 처음에 반대로 간 것은 그쪽이 영은비래봉靈隱飛來峰(링인페이라이펑)이라 되어 있어서 영은사가 아닌 줄로 착각해서다. 잠깐 더 살펴봤으면 헷갈리지 않았을 텐데. 영은비래봉 지역은 크게 초입의 비래봉 구역, 그다음의 영은사 구역, 그 옆의 산 위에 자리 잡은 도광사韜光寺 구역, 왼쪽 계곡 안에 자리한 영복사永福寺 구역의 네 구역으로 되어 있다. 내가 처음 간

방향은 전혀 다른 방향의 삼천축 지역이었다.

영은사 일대가 홍위병의 마수에서 무사히 살아남은 것은 당시에 2인자로서 총리였던 저우언라이周恩来가 적극 보호했기 때문이다. 영은사는 여러 번 병화와 화재의 피해를 입었는데 태평천국의 난 중인 1860년에는 천왕전과 나한전을 제외하고 모두 불에 타서 1910년에야 중건됐다. 영은사 일주문을 지나 비래봉으로 간다. 비래봉은 30~40m 높이의 석회암 돌산인데 곳곳에 동굴이 있고 5대 10국 시대인 951년부터 송, 원대에 조성된 470여 개에 달하는 불상으로 가득하다. 이 중 300좌의

상하이, 시간을 걷는 여행

불상은 송대에 조성됐고 원대에 조성된 라마교의 불상도 100여 좌에 이른다. 라마교의 불상은 한눈에 봐도 꽤 이국적이다. 중국인들이 라마교를 왜 전통불교와 구분 지어 취급하는지 그 이유가 쉽게 이해되었다.

우리나라 서산 마애불과 닮은 불상도 있고 넉넉한 웃음을 짓는 포대미륵布袋彌勒도 여럿이다. 포대미륵은 원래 당나라 말기 계차契此라는 법명의 승려였다. 늘 포대를 가지고 다니며 탁발을 해서 먹고 행복한 모습으로 자유롭게 다니며 앞날을 정확하게 점쳐주고 아이들에게 장난감을 나눠주어 사람들이 기이하게 여겼다고 한다. 그가 입적할 때 게송偈頌을 남겼는데 그 게송을 본 사람들은 그를 미륵의 화신으로 생각하게 되었다.

布袋和尙 涅槃頌   포대화상 열반송

彌勒眞彌勒   미륵은 참 미륵
分身千萬億   천만억 몸으로 나투어
時時示市人   때때로 저자 사람들에게 보였지만
時人自不識   그때마다 사람이 스스로 알지 못했네

불경을 구하러 가는 일행을 묘사한 부조와 동굴 속 부처도 있다. 옷주름의 묘사가 섬세한데 얼굴은 모두 마모되어 알아볼 수 없다. 미신으로 인해 갈려 나간 듯하다. 이런 것을 볼 때마다 안타깝다. 조각가가 평생 갈고 닦은 기술과 정성으로 심혈을 기울여 만든 작품이 허황되고 미련한 거짓 믿음에 순식간에 사라지는 일이 도처에서 비일비재로 일어난다. 어쩌면 나도 모르는 사이에 그런 짓을 저지를지도 모르니 누군가가 공을 들인 무언가를 다룰 때는 사소해 보이더라도 신중한 마음을 가지는 것이 옳다.

  석당石幢을 지나 동진 함화원년(326)에 창건된 영은사 정문으로 들어간다. 산 위로 다섯 단에 걸쳐 조성된 가람의 제일 아래 단이 천왕전이

상하이, 시간을 걷는 여행

다. 영은사에서 가장 오래된 천왕전은 맨 아래 단에 있어 찾는 사람이 적고 고즈넉하다. 닷집이 웬만한 절의 대웅전 크기이다. 포대미륵을 주불로 하여 사천왕들이 사방을 호위한다.

두 번째 단의 대웅전은 태평천국의 난에 불탄 후 오십 년 뒤인 청나라 말기 1910년에 중건된 건물로 높이가 33.6m이니 경복궁의 근정전과 비슷한 규모이다. 월대 양쪽에는 오월왕국시기인 969년에 조성된 8각 9층석탑이 자리 잡았다.

본전에 봉안된 1953년에 조성된 주불인 석가모니불좌상은 19.6m의 높이에 연화대를 포함하면 24.8m에 이른다. 불상의 뒷벽에는 자항보도慈航普渡, 자비로운 배로 많은 사람을 무사히 건너게 해준다는 엄청난 크기의 목조탱이 가득하다. 그 목조탱의 주불은 큰 거북을 탄 관음이고 그의 제자인 선재동자와 용녀, 지장보살, 석가모니 설산수도 모습을 비롯한 150좌의 형상이 조각되었다.

세 번째 단에는 약사전이 조성되어 있는데 병통과 재해를 구원한다는 약사불, 광명을 상징하는 일광보살, 청량함을 상징하는 월광보살이 봉안되었다. 약사전 양쪽 벽으로는 이 삼성을 수호하는 약사불의 열두 제자인 신장神將들이 서 있는데 그중 한 사람은 흑인 신장이다. 네 번째 단에는 법당인 직지당이 대나무 숲으로 둘러싸였고 다섯째 단 제일 꼭

상하이, 시간을 걷는 여행

대기에는 불교의 이상향을 상징하는 화엄전이 자리했다. 화엄이란 완전한 깨달음으로서의 부처를 장엄하는 연꽃이란 의미이다.

맨 아래 층에 내려와 태평천국의 병화를 입지 않은 또 다른 당우인 오백나한전으로 간다. 모든 얼굴이 개성이 넘치고 크기 또한 어마어마한 오백나한상이 모여 있다. 한가운데에는 2000년에 구리를 이용하여 새로 만든 영은동전靈隱銅殿이라 불리는 전각이 자리한다. 사면에 각각 중국의 4대 불교성지를 대표하는 아미산 은색계 보현보살, 오대산 금색계 문수보살, 구화산 유명계 지장보살, 보타산 유리계 관음보살을 모신다. 높이가 12.62m로 구리로 만든 세계에서 가장 높은 건물로 기네스북에 등재되었다. 절을 나서는데 저무는 하늘에 당간이 우뚝하다.

　이제 영복선사永福禪寺로 간다. 동진 때인 362년에 창건되었으나 청
나라 말기부터 쇠락하였다가 2003년에 새로 지어졌다. 입구의 석물은
장려하고 계곡은 수려하다.

　맨 아래의 보원정원普圓淨院 건물군 위로 가릉강원迦陵講院, 자암혜원

资巖慧院, 고향선원古香禪院, 복천다원福泉茶院 등 네 개의 건물군이 있다. 각각 강원, 기도처, 선원, 다원의 기능을 하는 듯하다.

가릉강원의 현판은 범패유상梵唄流觴이다. 범패는 불교음악이고 유상은 곡수유상의 유상이니 문학이다. 불교의 음악과 문학이란 뜻이겠다. 범패당 위에는 가릉명공迦陵鳴空이란 편액이 걸려 있다. 가릉의 울음소리가 허공에 퍼지다. 가릉빈가迦陵頻伽는 불교의 극락조로 악기를 연주하는 사람 모양의 새다. 건물 모양도 새를 닮았다. 불교와 도교와 유교적 가치가 뒤섞여 있는 당우의 명명이다. 미학적으로는 나무랄 데 없으나 불교문화의 측면에서는 마구 뒤섞였다는 느낌을 피하기 어렵다.

고향선원古香禪院으로 간다. 장경각인 해일루海日楼와 자비와 지혜의 현신인 아미타삼존阿彌陀三尊을 모신 삼성전三聖殿은 선원이라 건물이 고즈넉하다. 우진각 지붕의 심월인실心越印室 편액의 전서가 멋드러졌다. 심월조사心越祖師의 유물을 전시한다.

　　자암혜원으로 간다. 惠자를 썼으니 기도처이다. 정전인 대웅전이 있다. 사람들은 궁극의 행복을 깨달은 부처에게서 위안을 얻고 싶어 한다. 복성각福星閣의 주신인 복성은 도교의 신인데 절집에서 당당하게 한자리 차지했다. 이곳이 기도처가 맞다고 주장하는 듯하다. 복성각의 옆은 호산일람湖山一覽이다. 서호와 무림산이 한눈에 내려다 보이는 자리이다. 어둠이 내려앉을 시간인 데다 옅은 안개가 껴서 호수는 어렴풋이 보일 뿐이다. 날이 맑다면 어느 때라도 훌륭한 조망을 선사할 텐데 그 점이 아쉽다.

　　　　　　　　　　　　　　　　　　　상하이, 시간을 걷는 여행

내려가면서 올라갈 때 건너뛴 보원정원에 들렀다. 편액에는 개대환희皆大歡喜, 모두 크게 기뻐하라고 쓰여 있다. 정문에 홍소를 온 얼굴로 보여주는 포대미륵이 있다. 이 구역의 주불은 천수관음이다. 나오면서 포대미륵의 홍소를 한번 더 눈에 담는다.

시내로 나와서 서호 음악분수 근처 중원일대완中原一大碗이란 식당에서 우육면과 목이버섯무침, 맥주 한 병을 시켰다. 입맛에 딱 맞는다. 이곳은 서호 호변점으로 여느 다른 식당처럼 체인점이다. 강남지역은 난대기후에서 잘 성장하는 목이버섯의 인공재배에 적합하다.

저녁을 먹고 나서 천천히 서호를 돈다. 7년 전 겨울, 오후 8시. 아무도 없던 서호의 물 위로 눈이 내리고 음악분수가 환상적인 춤을 보여주었다. 서호의 분수는 오후 7시와 8시에 운영되니 이 시간대가 되면 사람들로 가득하다. 먼저 자리 잡은 사람들은 편하게 의자에 앉아서 볼 수 있다. 멀리 보이는 뢰봉탑과 성황각이 아름답다. 음악분수를 감상한 다음 전철을 타고 항저우 동역으로 이동한다.

　10시 10분쯤 홍챠오역에 도착해서 전철로 산시난루까지 왔는데 한 역을 남겨두고 전철이 끊겼다. 공유자전거인 ofo자전거를 타고 선선한 바람을 맞으며 숙소에 도착하니 상쾌한 기분을 느꼈다.

#4

위위앤

✕

효심이 만들어낸 원림 건축의 꽃

　토요일에는 지난 수요일에 서울에서 온 두 아이들과 함께 위위앤(예원), 와이탄(외탄), 푸동(포동) 지역을 둘러봤다. 위위앤은 1559년부터 1577년까지 사천우포정사四川右布政使를 지낸 반윤단潘允端(1506~1581)이 그의 아버지를 위해 처음 지은 정원이다. 정작 그의 아버지는 완성되기 전에, 그 자신도 완공 후 몇 년 지나지 않아 사망했다. 그후 장조림張肇林이란 사람의 소유가 되었고 청나라 말기에는 20여 개의 상공업소가 들어섰다가 1956년에 원림으로 고쳐 지어 1961년부터 대중에 공개되었다.

　예원 입구에는 아홉 구비로 지어진 돌다리 구곡교가 있다. 구곡교에서 보는 연꽃이 핀 바깥 연못의 풍광은 연일 이어지는 엄청난 인파 속에서도 더욱 정갈하다. 연못 위의 누각은 물 위에 떠 있는 배인 듯하다. 40위안에 입장권을 구입해 남문으로 들어가 처음 만나는 건물, 삼수당三穗堂은 세 이삭이란 의미이니 풍요를 기원하는 의미겠다. 당은 원래 주거공간을 일컫는데 삼수당은 접객이나 거실의 역할을 한다.

그다음 대가산大假山은 큰 인공산이란 의미이다. 명나라 말기의 저명한 원림건축가 장남양張南陽의 설계로 항저우 북쪽의 후저우 덕청현 무강진湖州德清縣武康鎭의 무강황석武康黃石 수천 톤을 가져다 만들었다고 한다. 화성암의 일종인 응회암凝灰岩이다.

인공산 밑으로는 꺾인 다리를 배치해서 산으로부터 물이 흘러나오는 느낌을 주도록 연출함으로써 공간을 깊게 만들었다. 산 위와 밑에 정자를 배치해서 입체감을 두드러지게 표현했으며, 무강석의 배치 또한 치밀하고 섬세하여 강남 원림건축의 전형을 보여준다. 회랑을 장식한 화상전畵像塼은 유리를 씌워 보호한다. 화상전은 춘추시대로 거슬러 올라가는 중국의 전통예술이다.

역방亦舫이란 재미있는 이름의 건물은 '나도 방舫'이란 의미이다. 방은 큰 보트인 방선을 본떠 실내를 조성하는 건물이다. 강남의 원림에서 물가에 지어 배가 물에 출렁이는 느낌을 주면서 달을 감상하도록 지었다. 졸정원의 향주가 방舫의 형식으로 지은 건물인데 역방이라 함은 이 건물도 작지만 방이다 하는 작명인 셈이다. 이런 조경은 장자莊子의 잡편 열어구列禦寇[50]의 이념을 반영한 것이다. 일부를 인용한다.

巧者勞	기술이 뛰어난 사람은 일하고
而知者憂,	아는 게 많은 사람은 걱정한다
無能者無所求,	아무것도 못하는 사람은 구하는 게 없으니
飽食而放遊,	배불리 먹고 유유히 노닐어
泛若不繫之舟	매이지 않은 배처럼 떠다니고

---

50 장자 잡편의 일부로 중국 전국 시대인 기원전 4세기경 鄭나라의 도가(道家) 사상가 열자(列子)의 일화이다.

虛而放遊者也　　　허허롭게 유유히 노니는 것이다.

장자의 세계관은 어찌 보면 합리성이 지배하는 근대에서는 한갓 취
향으로 폄하된 측면도 있으나 합리성을 넘어 인간을 재발견하는 현대
에 가지는 함의에 대해서는 더 깊은 생각이 필요하다.

건물 지붕엔 세월의 더께가 깊다. 용마루와 난간의 조형 또한 매우
섬세하다. 이 정원의 바닥장식, 지붕, 난간, 회랑의 벽, 문에 이르기까지
모두 개성 있으면서 균형미를 잃지 않도록 세심하게 안배했다. 대단한
정성과 솜씨이다. 의자의 등판에는 대리석을 짜 넣었다. 여름을 시원하

게 보내려는 안배이다. 이어지는 문의 문패는 천운穿雲, 구름을 뚫다란 의미이니 담을 구름으로 상정한 운치가 있다고 생각했는데 담 위를 보고는 역시나 했다. 기와로 용을 만들어 이어 붙였다. 합쳐서 천운용장穿雲龍墻이라 부른다.

용의 턱 밑에 있는 두꺼비는 용을 도와주는 영물이겠다. 고대인들은 두꺼비를 달에 사는 동물로 생각해서 여성성과 물의 의미를 부여했다. 아마도 구름과 비를 부리는 용과 비를 받아 번성하는 두꺼비를 통해 논농사에 필요한 비를 기원했음 직하다. 또한 용과 비가 서로 상응하는 모습을 통해 화목함과 번영을 바라는 마음을 담았을 것이다. 하얗게 채색된 용의 이와 발톱은 건축가의 용의주도함을 다시 한번 보여준다.

천운문을 지나면 무강석으로 동굴, 골짜기와 봉우리를 형상화한 가산假山 위에 멋진 이층 누각이 나타난다. 아래층의 이름은 연상각延爽閣, 윗층의 이름은 쾌루快樓이니 상쾌함을 맞이하는 누각이다. 구름을 뚫고

오른 상쾌한 천상의 경치라고 상정한 셈이다.

　주인이 거주했음 직한 점춘당點春堂이란 당우로 들어가니 태평천국의 초토좌원수招討左元帥 진모가 점춘당을 징발하는 포고문이 나온다. 태평천국 장군인 진모, 진아림陳阿林의 숙소이자 집무실로 사용했을 것이다. 진아림은 상하이 소도회小刀會[51]의 수령으로 1853년 9월 휘하 2천 명의 추종자와 함께 난을 일으켜 상하이를 점령했으나 1854년 말 청의 정부군과 프랑스군의 연합군에게 패해 홍콩을 거쳐 태국으로 망명했다. 외국군을 불러들여 자국에서 일어난 내란을 진압한 상황을 여기서도 보게 되니 기가 막힌다. 일본 또한 1862년에 일어난 사쓰마번과 영국 간 벌어진 사쓰에이 전쟁[52]이 이 사례와 유사하다.

　동양 3국이 모두 유사한 사례를 겪었으나 결과는 모두 다르다. 포고문에 연호를 대명 갑인으로 쓴 것을 보면 청을 명의 천명을 찬탈한 이민족의 왕조로 보는 시각이 완연하다. '봄을 점찍다'라는 로맨틱한 당우가

---

51 강남과 대만에서 활동한 민간비밀결사로 상호 보호를 목적으로 18세기에 결성됐다.

52 사쓰마 영주의 행차를 방해한 영국인을 사무라이가 살해한 사건 때문에 일어난 영국과 일본의 사쓰마번 간의 전쟁으로 일본의 중앙정부인 바쿠후는 영국의 침략을 방관하고 종전 후 협상을 중재했다. 이후 영국은 친사쓰마정책을 펴게 된다.

전쟁과 혁명의 소용돌이에 빠져든 역사가 숙연하다. 편액 아래 대련에 쓰인 "膽量包空廓, 心源留粹精－용기는 끝이 없고 마음의 근원은 순수하게 머무른다"란 문구가 당시 사람들의 격정적인 마음 상태를 보여준다.

점춘당 앞에는 연못 위에 무대로 지어진 타창대打唱台가 있다. 처마의 정교함이 눈길을 끈다. 타창대를 지나가다가 연못에 잠긴 담에 뚫린 물길에 함벽涵碧이라고 붙여진 문패를 본다. 푸른 옥에 젖다. 이 담을 경계로 또 다른 구역으로 들어간다.

물은 건물 밑으로 흐르는 듯 건물이 물 위에 떠 있는 듯, 물과 건물이 일체가 되어 독특한 경험을 선물한다. 이 연못에는 물이 솟아나는 샘이 있다고 한다. 회경루會景樓 앞에는 사람들이 옹기종기 모여 앉아 쉬고 있으니 그 이름에 어울리는 광경이다. 회경루에서는 돌다리를 세 번 굽혀 만든 삼곡교三曲橋가 유상정流觴亭과 무강석 가산으로 이어진다. 회경루를 끼고 오른쪽으로 가면 구사헌九獅軒이 나온다.

이 연못 남쪽 득월루得月樓의 편액은 해천일람海天一覽이다. '바다와 하늘을 한번에 보다'라는 의미이니 호연지기를 기르는 당우임에 틀림없다. 반대편에서 보는 풍경은 더욱 좋다. 노군전老君殿에서 함벽루涵碧樓까지 약 100m를 잇는 이 적옥수랑積玉水廊은 비오는 날이면 빗소리의 청량함을, 따뜻한 봄날에는 꿈 같은 햇빛에 꽃향기를 실어 선사했을 것이다.

삼곡교에서 옥화당으로 가는 길은 사람들의 발길에 길들여져 옥처럼 빛나는 무강석이다. 무강석 틈으로 다른 재질의 돌이 드러난다. 주인의 서재인 옥화당玉華堂에는 명나라의 옛 가구와 문방사우를 가장 많

이 모아두었다. 중국 문화의 정수를 그나마 지킨 보루이다. 옥화당 앞에
는 강남 삼대명봉三大名峰 중 하나인 옥영롱玉玲瓏과 괴석이 있다. 옥영롱
은 송의 휘종徽宗(1082~1135)이 수집해서 변경으로 운반하던 중 배와 함
께 침몰한 것을 사백 년 후 누군가가 건져서 반윤단에게 팔았다는 전설
을 지닌 괴석이다. 높이 3m, 폭 1.5m, 두께 80cm, 무게 3t으로 주름, 흘
림, 여윔, 뚫림의 아름다움을 모두 갖추었다고 평가받는다. 옛 사람들이
괴석을 숭상함은 변하지 않는 굳건함을 본받고 다양한 형태를 통해 추
상적인 사유를 연마하기 위해서이다.

마지막 구역인 내원의 담장은 기하학적 문양과 유장한 곡선이 만드는 하모니가 뛰어나다. 괴석과 나무를 배치했다. 아마도 옛 침실이었음직한 건물은 기념품 판매소가 되었다. 지붕을 장식한 삼국지를 소재로 한 어처구니가 특이하다.

내원 한편에도 가산을 조성하고 그 위에는 누각이 있다. 누각을 보러 올라가는데 여기에도 귀여운 용과 두꺼비가 참 다정해 보인다. 이렇듯 화목과 번영을 강조하는 장치가 곳곳에 숨어 있다.

누각에는 선방船舫이라 이름 붙였다. 초입에 있던 역방에 이어 두번째 방舫이다. 근심을 잊고 매이지 않은 배처럼 달을 감상하며 유유히 노닐며 음식을 즐기는 곳이다. 대운하를 배경으로 가진 상하이의 물질적 풍요와 지리적 위치가 그 문화적 특징을 규정한다. 내려오면서 보니 용

상하이, 시간을 걷는 여행

위로 누각을 겹쳐 지었고 지붕에는 물고기 두 마리로 어처구니를 만들어 붙였다. 풍요로움을 기원하는 벼농사 지역의 상징물이다.

가이관이란 전각은 가히 그저 볼 만하다는 의미이니 전망이 가장 좋은 곳이다. 가이관에서 이어지는 내원의 담인 용장龍墻은 리드미컬하다 못해 노래하는 듯하다.

마지막 구역은 고희대古戲臺라는 극장 건물을 중심으로 한다. 이층에서도 관람할 수 있도록 설계했다. 우리나라의 극장문화는 주로 객석과 무대를 나누지 않고 누각을 중심으로 이루어졌다. 영화나 드라마에서 흔히 보듯 누각의 가운데가 무대이고 관객이 그 주위를 둘러앉는 형태이다. 현장성과 교감은 뛰어나지만 절제된 형식을 유지하기는 어려웠을 테다. 게다가 평민들은 극장조차 없는 마당놀이나 즐겼고, 무대를 사용한 경우는 임시가설무대인 산대山臺, 또는 채붕綵棚을 세우고 가면극을 공연한 팔관회 정도뿐이다. 동아시아에서 유독 한국에서만 무대가 분리된 격식 있는 무대예술이 크게 유행하지 않았던 가장 큰 이유는 즉흥성과 현장성을 사랑하기 때문일 것이다. 더하여 아무래도 경제 발달이 중국이나 일본보다는 뒤떨어진 데다 사문난적을 사형으로 다스리던 교조적인 성리학으로 하여 자유로운 인간 본성의 발현이 제도적으로 권장되기 어려웠다.

예원의 의미는 '편안한 정원'이라 한다. 아버지를 편안히 모시려는 뜻이 깃들어졌는데 그 뜻이 온전히 이뤄지지 않아 안타깝다. 사람의 일이란 게 늘 온전할 수는 없으니 그저 최선을 다하는 수밖에.

5

쉬쟈휘위앤

X

천재 서광계의 진정한 성취를 보여주는 곳

오늘은 기온이 38도, 체감온도가 47도까지 올라갔다. 너무 실내에만 있는 것도 정신건강에 해로운 듯하여 과감하게 쉬쟈휘위앤으로 나들이에 나섰다. 쉬쟈휘는 명나라 말기 중국 문명을 한 단계 끌어올린 쉬광치(서광계) 일족의 장원이 있던 곳으로 '서 씨 집의 두물머리 땅'이란 뜻이다. 쉬쟈휘위앤은 쉬쟈휘의 시발점이란 의미이다. 현대 상하이 쉬휘구의 중심을 이룬다. 서광계徐光啓(1562~1633)는 명조 말기 상해에서 태어나 마테오 리치와 함께 유클리드의 기하원본을 중국어로 번역하고 농업서적을 집대성하는 한편, 홍이포[53]를 도입하여 후금을 격퇴하고, 고아원, 병원, 교회, 학교를 건설한 사람이다. 기독교를 아시아에 선교하는 데 결정적인 역할을 한 것으로 유명하고 본인 또한 기독교로 개종했다. 우리나라의 실학에도 막대한 영향을 끼친 인물로 명나라 3대 천재로 불린다.

　중화예술궁 맨 위층 전시실에 그와 마테오 리치가 토론하는 장면을 재현한 그림이 있다. 서광계와 그 자손들은 이 교회 자리를 포함해 여러 곳에 교회를 지었는데, 현 건물은 20세기 초에 지어진 주교좌 성당이다. 성당은 4시에 문을 닫는다. 가톨릭 신자라면 예배를 드릴 수 있다. 내부에는 주련이 한자로 쓰였다.

---

53 포르투갈인들을 통해 1618년 중국에 도입된 서양식 전장포(前裝砲)로 1626년 후금과의 전투에 처음 쓰여 대승을 거둔다. 우리나라에서는 영조 7년에 2문이 처음 제작된다.

　　자전거를 타고 바로 옆의 서광계 묘지로 이동했다. 석교를 건너 묘
지 입구가 있고 좌우로 연못이 보인다. 정문의 패방에는 문관인 서광계
가 도입한 홍이포로 후금군을 격퇴한 공훈을 기려 문무원훈이라 새겨
넣었다.

　　당시 명의 경제력, 군사력을 보면 명이 멸망하고 그 자리를 청이 대
신한 것이 불가사의한데 그 전말을 살펴보면 소름이 끼친다. 1625년
명 조정은 요동을 성공적으로 방어하던 웅정필熊廷弼(1569~1625)에게 간
신 위충현魏忠賢(1568~1627) 일파인 왕화정을 순무巡撫로 붙여 그의 잘못
으로 대패하는데 웅정필을 참수한다. 1626년 청 태조 누르하치의 16만
대군과 1627년 태종 홍타이치의 4~5만 대군의 공격을 서광계가 주조
한 400문의 홍이포와 각각 2만, 3만의 소수병력으로 방어한 원숭환袁崇
煥(1584~1630)은 1630년 반간계에 빠져 적과 내통한 죄로 살점을 한 점씩

떠 죽이는 능지처참형을 당한다.

1644년 산해관에서 성공적으로 청의 공격을 막아내던 오삼계吳三桂
(1612~1678)는 이자성(1606~1645)의 난으로 명이 멸망하고 숭정제가 죽자
청나라군을 끌어들인다. 원숭환의 죽음은 미련한 황제와 어리석은 조정
관리들 탓이니 그 억울함을 생각하면 안타깝기 그지없다. 사람이 살면
서 겪는 억울한 일을 어찌 완벽히 피할 수 있을까 싶다만 그런 경험이
많고 적음에 따라 그 사회의 질과 수준이 결정된다. 동서양을 막론하고
이런 일이 얼마나 허다하게 일어났으며 우리나라 역사에도 얼마나 억
울한 일이 많았던가? 대리석으로 된 십자가 석비와 전통적인 석물들이
조화롭다 못해 평화롭다. 갈등과 폭력의 시대를 견딘 서광계의 비결이
궁금하다.

종교가 준 심리적인 안정감과 민생, 과학과 기술의 발전에 전념한
그의 태도가 편안한 말년에 큰 도움이 되었을 것이다. 서광계는 1621년

병을 이유로 사직했고 간신 위충현이 집권 중이던 1624년에는 예부우시랑에 제수되지만 취임하지 않았다가 참언을 받고 사직했다. 상하이로 돌아가서 농정전서를 편찬하고 프란체스코 심바이시(중국명 필방제)와 함께 한국에서도 널리 읽힌 가톨릭의 영혼론인 영언여작靈言蠡勺을 한역漢譯한다. 위충현이 죽은 후 1628년에 복직하여 1630년에는 예부상서가 되고 1633년에는 태자태보겸 문연각대학사를 더한 후 그해 11월에 죽는다. 사악한 간신 위충현은 잘 멀리했으나 무고한 원숭환의 죽음은 막지 못했으니 어리석은 권력자의 행위를 막는 것은 쉬운 일이 아니다.

　　십자가에는 십자성가 백세첨의十字聖架 百世瞻依라 음각돼 있다. 성스러운 십자가 백세를 이어 우러르고 의지하리란 의미이다. 십자가 비의 정면 기단석의 명문은 라틴어, 나머지 면들은 한자로 되어 있다. 서광계가 죽은 지 8년 후에 베이징에서 옮겨온 묘는 기묘하게도 봉분이 다섯이다. 퍼뜩 박혁거세의 오릉이 떠올랐다. 기독교인이니 제사가 필요 없으므로 상석, 상석 옆의 계절과 자손들이 절하는 영역인 배계절이 따로 없다. 평지묘이므로 봉분 뒤에 날개를 만들어 붙였다.

묘역 좌우 옆으로 숲이 울창하다. 동네 사람들이 숲속에서 더위를 피한다. 숲속에는 천문을 관측하는 서광계의 동상도 있다. 서광계 기념 관은 周一, 월요일에 폐관하고 나머지 날에는 오후 4시 반까지 문을 연다. 기념관 맞은편 부조는 과학, 수학, 군사, 농업, 구휼에 걸친 그의 광범위한 활약을 잘 집대성해놓았다.

기념관 옆 연못이 고즈넉하다. 청조 광서제(1871~1908) 때 그를 기리는 석물들을 조성했다. 한 개인이 남긴 역사적 발자취가 존경스럽다.

상하이, 시간을 걷는 여행

#6

난징

×

동아시아 최초 공화국의 수도, 박물관 큐레이션의 모범

시월의 마지막 토요일 난징에 다녀왔다. 난징은 역사적으로 건업建業, 건강建康, 말릉秣陵, 금릉金陵으로 불렸던 도시이다. 삼국쟁패로 유명한 손권이 오나라의 수도로 삼은 이후 동진과 그를 이은 남조왕조들, 명나라, 손문이 세운 중화민국에 이르기까지 많은 나라의 수도였다. 수양제가 대운하 건설에 필사적이었던 이유는 수왕조가 정치적으로 통일한 남조와 북조를 실질적으로 통합하기 위해서다. 난징의 위치는 바로 대운하가 창장과 만나는 접점이다. 중국을 하나의 생활권으로 통일한 수왕조 이후로 난징은 황허黃河, 창장長江, 회허淮河가 만나서 강남으로 내려가는 창장변에 자리한 요충으로 정치·문화적으로 중요한 위치를 점한다.

현재의 난징은 인구 8천만인 장쑤성의 수도로 충북과 비슷한 면적에 8백만이 사는 부성급 광역 행정구역이다. 도시인구만으로는 2, 3백만 수준, 대구나 인천 정도의 규모이다. 1949년 수립된 신중국으로서는 중화민국의 수도였던, 지금도 여전히 타이완으로 쫓겨가 있는 중화민국의 법적인 수도인 난징을 성급도시로 키우기는 부담스러웠을 것이다.

난징 역에서 내려 전철로 세 정거장인가 떨어진 1912거리로 간다. 동아시아 최초로 공화국이 건립된 1912년을 기념한 명명이다. 옛 중화민국 총통부의 왼쪽이다. 이 거리에서는 공산주의가 추구하는 이상주의의 삼엄함보다 민주공화국의 난만함을 느낀다. 입구에 거리 이름을 붙인 조형물이 있다.

총통부는 입구만 가보고 들어가지 않았다. 계획한 박물관博物館, 중산릉中山陵, 부자묘夫子廟를 모두 들르기에는 시간이 만만치 않다. 전철로 두 역을 이동하여 옛 고궁에 자리한 박물관으로 간다. 박물관으로 가는 길은 중국인들이 프랑스 오동나무라 부르는 플라타너스 가로수가 장관이다. 국민당 정부가 2만 그루를 심었는데 지금 남은 것은 3천 그루이다. 밑둥치가 희어서 플라타너스라고 믿기지 않을 정도다. 지하철을 지으면서 다 없애려 했다가 시민들의 보호운동으로 살아남았다. 상하이에도 플라타너스 가로수가 압도적으로 많은데 둥치의 색은 짙은 회색에 가깝다.

명고궁박물관으로도 불리는 난징박물원은 베이징, 상하이박물관과 더불어 중국 3대 박물관으로 불린다. 언뜻 단층으로 보이는데 들어가는 곳이 2층이다. 전시실은 10개가 채 안 되는데 큐레이션이 너무나 뛰어

나서 떠나기 싫을 정도였다.

신석기시대의 송곳 모양 옥기는 정교하고 아름답다. 제례용으로 쓰였음 직하다. 우리나라 옛 조선과 같은 시기인 상商나라(BC 1600경~BC 1046) 도기는 조형미가 뛰어나다. 상나라는 전설상의 국가인 하夏나라의 제후이던 탕왕湯王(BC 1675~BC 1587)이 하를 멸하고 등장한 국가로 중국 역사에서 기록을 남긴 첫 고대국가이다. 유교에서 성인으로 숭앙하는 7왕 중 한 사람인 탕왕의 세숫대야에 적힌 명문은 대학에 실려 오늘날까지 전해지는 유명한 구절 "苟日新日日新又日新-진실로 하루가 새로우려면 하루하루 새롭게 또 하루를 새롭게 하라"이다. 이런 구절을 왕의 신조로 삼았던 나라라면 쉽게 무너질 리 없으니 지금까지 그 역사가 전해진 게 아닐까? 당시 청동기는 복잡한 무늬를 넣어 고대국가의 위용을 과시한다.

춘추시대 청동 항아리와 청자는 청동기시대의 미학이 현대와 크게 다르지 않음을 보여준다. 청자의 원형이 청동기시대에 이미 출현했다는

상하이, 시간을 걷는 여행

사실을 처음 알게 됐다. 10세기에 걸작 청자가 태어난 데에는 오랜 준비 기간이 필요했던 셈이다. 동아시아 음악의 기준 악기인 옥으로 만든 편경과 청동으로 만든 편종이 나타났는데 8개씩 아래 위로 배치하는 요즘과는 구성이 다르다. 편경의 재료인 옥은 습도와 온도의 변화에도 음색과 음정이 변하지 않아 모든 동아시아 악기 조율의 표준이 된다.

꺾쇠창인 과戈는 상나라 때부터 한나라 때까지 사용되던 전차병의 무기인데 찌르기에 불리하여 모矛와 합친 형태의 극戟으로 대체된다. 창과 흡사한 모는 통상 방패와 함께 사용하여 한 손으로 다루던 무기이다.

　　전차병이 타던 차의 구조와 춘추 말기에 사용하던 전차의 부속품들인 고삐걸이, 말의 주둥이에 물리는 재갈, 바퀴를 끼우는 굴대머리와 산대머리덮개 또한 현대와 크게 다르지 않다.

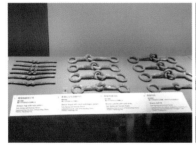

　　전국시대 말, 청동조금은입조기하문호靑銅錯金銀入鳥幾何文壺. 우리말로는 "청동에 금은을 새겨 넣은 새가 몇 마리일까 무늬 항아리"이다. 명칭에 '하'라는 의문사를 넣은 게 신기하다. 부장품으로 넣은 마차의 도용은 당시 운송수단이 다양했을뿐더러 마차의 형태 또한 다양했음을 보여준다.

　　　　　　　　　　　　　　　　　　　상하이, 시간을 걷는 여행

　　서한시대(BC 206~AD 9)의 석축분, 목축분의 모형은 규모가 크고 구조
또한 복잡하다. 동한(AD 25~220) 팽성왕彭城王 류공劉恭의 후손이 수의로
사용한 은루옥의銀縷玉衣는 옥 2,600개와 은실 800g으로 지었다. 신분에
따라 금실, 은실, 동실, 비단으로 짓는다. 옥기는 시신을 받치거나 덮는
데 사용되었다.

　　무덤에는 여러 가지 물건을 부장했는데 동제 홍등, 도제 촛대, 우물,
돼지우리도 있다. 돼지우리 명기明器는 서한 이래로 육류공급뿐 아니라

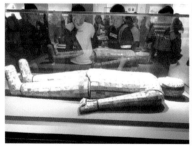

퇴비공급에 중요한 역할을 하는 농업기술의 발전과 연관된다.

이러한 서한의 부장유물들은 진秦(BC 221~BC 206)의 중국통일이 농업과 산업의 기술과 규모에 비약적 성장을 가져온 사실을 반영한다. 또한 서한시대 방적화상석紡績畵像石은 새로운 기술과 기계의 도입을 기념하기 위한 성격이 강하다. 좌상단 부분의 물레와 옷감틀, 실과 실타래의 묘사가 극히 섬세하다는 사실은 사람들이 이 새로운 기술에 대해 얼마나 열광했는지를 암시한다. 때때로 새로운 기술에 대한 감수성이 절실하게 필요하다.

상하이, 시간을 걷는 여행

　　서진시대(266~316)의 청자 양 항아리, 남북조시대(420~589)의 호자와
잔, 수저, 찬합, 우마차 명기는 조금씩 세련된 미적 감각을 보여준다. 삼
국시대 오나라의 홍유비조인물퇴소관紅釉飛鳥人物堆塑罐과 서진시대 청자
퇴소관青瓷堆塑罐은 우리말로는 '새 사람을 쌓아 빚은 부장용 항아리'인
데 향락에 대한 당시 강남 지주, 관료귀족의 동경과 장생불사에 대한 갈
구를 반영하며, 서진을 마지막으로 사라진다.

　　남북조시대 신수 물항아리는 귀엽다. 백제 무령왕릉의 신수를 떠올

리게 한다. 남조의 다양한 연적은 왕희지와 같은 신필이 탄생하는 배경
이 된다.

　남북조시대의 화상전은 버드나무와 비파의 묘사가 섬세하다. 당왕
조(618~907)의 도용들은 살아서 움직일 것 같다. 당의 자기는 국제적인
감각이 어우러져 현대적이기까지 하다. 어느 시대나 다양한 문화를 융
합한 결과물은 시대를 초월하는 미적 감각을 보여준다. 두 가지 색을 품
은 옥으로 꽃을 만든 송나라의 옥기는 무르익은 세공의 극치이다.

　　난징박물원에는 상상을 초월할 만큼 많은 도자기들이 말 그대로 쌓여 있다. 그중 군더더기 없이 추상적인 청자 꽃병과 멋드러진 술병이 송나라시대의 다양한 취향을 보여준다.

　　다양한 금장식은 원나라시대의 작품이다. 여러 시대의 다양한 작품
은 당시 격렬한 충돌과 융합의 결과이나 후세의 우리는 담담하게 볼 수
있다.

　　무덤의 용두龍頭는 명의 유물이다. 유교적 가치가 복권된 시대이니
죽음이 복권된 셈이다. 인간은 누구나 앞선 세대에 대해 부채를 진다.
그리고 앞선 세대에 대한 부채를 어떻게 해석하는가가 그 사회의 성격을 규정짓는다. 가볍게 해석하면 경박한 사회가 되지만 진보적 가치를 실현하기 쉬운 장점이 있다. 그러나 인류 역사를 가볍게 해석하는 사회는 모두 소멸하고 만다는 것을 수많은 사례로 보여준다. 과거를 무겁게 해석하는 사회가 건강하고 지속가능한 사회라는 것이 인류 보편의 경험이다. 주황빛 자기로 만든 기와는 황궁의 기와로 사용되었고 자기로 만든 문은 난징이 명의 수도였을 때 황실에서 지은 사찰의 유물이다. 불교의 독특한 아이콘 중 하나인 가릉빈가를 맨 위에 두었다. 가릉빈가迦陵頻伽는 우리나라 평창올림픽에도 등장해 센세이션을 일으켰는데 평화의 상징으로는 더 좋을 수가 없다. 원명 교체기에 무수한 사람들이 목숨을 잃었으니 새로운 수도에 평화를 상징하는 하늘의 음악을 지상에 불러오고 싶었을 것이다.

명시대에도 다양한 옥기들이 제작된다. 옥이 가지는 순결한 이미지와 견고한 속성은 동아시아 전역에서 소중하게 여겨지는 가치이다.

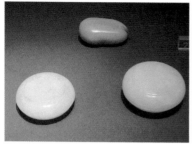

청시대의 칠보 병풍은 칠보로 만들었다는 게 의문스러울 정도로 동시대 최고 기술이 구현된 작품이다. 청시대의 다양한 다기들은 문화와 산업의 풍요로움을 웅변한다.

명청明淸 두 왕조를 살다간 숙운종蕭雲從의 운대소수도권雲臺疏樹圖은 "운대산[54]의 성긴 나무"란 의미이다. 그림은 명이 멸망한 후 그려졌다.

---

54 中國河南省焦作市의 5A급 국립공원.

격조는 맑고 높은데 유민遺民의 느낌이 물씬 풍긴다. 많은 사람들이 사
랑한 작품이어서 모본과 위작이 많다. 본인이 그린 복제품은 상하이박
물관에 있다. 청나라 때 나무를 파내 만든 그릇에선 공력과 정성이 느껴
진다. 게, 조개, 두꺼비와 도마뱀이 양각되어 있다.

　　하루를 봐도 부족할 박물관을 두 시간 만에 둘러봤다. 택시를 타고
종산풍경구鍾山風景區 입구까지 이동한 다음 다시 전기차로 쫑샨링中山陵
(중산릉) 입구에 도착하니 오후 4시 10분 전이다. 종산풍경구는 명 태조 주
원장의 무덤인 명효릉明孝陵과 중산릉을 아우르는 문화지구이다. 중산릉
입구에서 줄을 섰는데 한 중국 아가씨가 위챗으로 예약하고 QR코드를
받아야 입장이 가능하다고 알려줬다. 하지만 QR코드 발급 사이트는 중
국어뿐이다. 시간이 있으면 찬찬히 읽고 발급받을 텐데 돋보기조차 없
으니 읽을 수가 없다. 어찌할까 잠시 생각하던 중 아까 그 아가씨가 오
더니 순식간에 발급해 주었다. 고맙기 이를 데 없다.

중산릉에 안장된 손문(쑨원)은 1912년 선포한 중화민국의 임시총통으로 추대된 이후 사심 없이 중국의 근대화를 위해 노력한 지도자다. 소련의 도움을 받아 국민당을 자본가, 자유주의자, 공산주의자를 포함하는 범당파적 지도집단으로 만들었다. 그중 우파인 손아래 동서 장제스가 1927년 쑨원의 사후 좌파인 공산당을 축출하고 국민당을 우파가 독점하는 정당으로 만들면서 내전이 발발했다.

중산릉 입구 패방엔 박애라는 문패가 붙어 있고 능원문엔 쑨원의 민족, 민생, 민권, 삼민주의를 문 위에 새겨 넣었다. 쑨원의 능묘는 그가 일본 망명 중에 사용했던 이름 나카야마中山를 한자 그대로 사용한 중산릉이라 불린다. 비각엔 '중국국민당장총리손선생어차中國國民黨葬總里孫先生於此, 중국 국민당이 총리 손 선생을 여기에 안장하다'라 쓰인 비석이 있다. 이때의 국민당은 좌파와 우파를 아우르던 정당이다. 마오쩌둥도 차이위안페이의 지도를 받으며 쑨원의 국민당에서 1기 중앙후보집행위원으로 일했다. 비각을 지나면 멀리 제당祭堂이 보인다.

상하이, 시간을 걷는 여행

　　제당에 올랐더니 탁 트인 전망이 시원하다. 동아시아 최초로 민주공화국을 세운 사람에게 합당한 전망이다.

개인적으로는 자신이 주도했던 혁명만큼 복잡한 사람이다. 정실과는 세 아이를 낳았는데 30년이 지나 이혼하고 불과 한 달 뒤 새 아내를 맞아 10년을 살고 죽었다. 일본인과 중국인 측실이 있어서 아이도 낳았다.

민족주의적인 삼민주의는 어찌 보면 인류의 보편가치인 자유, 평등, 박애를 주창한 프랑스혁명의 유치한 복제다. 그럼에도 불구하고 삼민주의가 존숭된 이유는 중국의 현실에 가장 적합한 가치를 제시했기 때문이다. 사람은 그가 추구하고 성취한 주요한 결과를 중심으로 평가해야 한다. 요즘 우리나라에서 벌어지는 일을 보면 공헌과 성취가 아무리 크더라도 웬만한 잘못을 저지르면 악한으로 몰린다. 이승만, 박정희, 김구, 조소앙, 김성수, 김원봉, 홍명희같이 조국 광복 또는 나라 발전에 공헌이 큰 분들이 양쪽 진영에서 비난받는다. 공과를 같이 보는 풍조가 아쉽다.

이제 부자묘夫子廟, 옛 태학, 우리나라 성균관과 유사한 기능을 했던 후쯔먀오를 찾아간다. 우선 중산릉에서 전철역으로 나가는 전기차를 찾

상하이, 시간을 걷는 여행

아야 하는데 찾기 어렵다. 마침 우리처럼 전기차를 찾는 이들이 도와준다. 전철역으로 내려온 다음 전철을 타면서도 잔돈이 없어 표를 못 살 뻔했는데 다행히 뒤에 서 있던 젊은 여인이 잔돈을 바꿔준다. 이번 여행에선 도움을 받은 고마운 사람들이 많다. 부자묘 앞 운하에는 여전히 많은 여객선과 화물선이 지나다닌다. 난징의 강남공원江南貢院은 중국 최대의 과거시험장이라 한다. 부자묘의 부속건물로 착각했다. 그 착각 탓에 바로 옆의 부자묘엔 가보지도 못했다.

아쉽지만 8시간 반 동안 돌아본 난징의 시간은 문을 닫을 때이다. 난 징학살기념관을 못 본 것이 마음에 걸린다. 7시 반에 전철을 타고 난징 남역으로 간다. 난징남역의 규모는 우리 기준으론 무지막지하게 크다. 처마 끝에서 건물까지 길이가 100m쯤 되고 건물 안으로 들어가서 반대 편 출구까지 500m쯤 되는 듯하다. 중국의 국내 여객 수는 시장 규모만 큼이나 어마어마하다. 난징남역의 앞은 사자상이 지킨다. 난징은 여전 히 아름답다.

4

근대 정신의

여
명

1

조선 벼를 상하이에서 먹다

×

중국으로 역수출되어 사랑받는 조선 벼

일요일 밤 상하이에 도착해 월요일엔 이곳 생활에 필수적인 은행계좌, 핸드폰, 모바일 결제 알리페이를 개통한 다음, 근처 슈퍼에서 쌀을 비롯한 간단한 식료품을 사서 쉬후이徐滙에 있는 숙소로 가져다 뒀다.

중국은 신용카드 시대를 겪지 않고 알리바바의 주도로 현금결제에서 모바일결제로 바로 넘어왔다. 신용카드를 받는 점포는 극히 드물고 대부분 모바일 거래가 활성화되어 있다. 알리페이나 위챗페이 앱을 깔면 소비자와 공급자로 나뉜 QR코드를 모두 받게 된다. 이 코드들은 은행계좌 또는 신용카드와 연동할 수 있어서 돈을 주고받는 것이 앱 하나로 간단히 해결된다. 따라서 중국에서 생활하기 위해서는 모바일 거래

앱, 모바일 거래를 위한 핸드폰, 은행계좌 개설이 필수적이다. 다만 7월 1일부터 1회 환전금액이 종전의 1,000달러에서 500달러로 제한되어 아주 불편하다. 처음에는 무역갈등으로 인한 외환 관리 차원으로 이해했는데 알고 보니 2025년까지 위안화를 기축통화로 만들기 위해 전력을 다하는 중이다. 중국은 표면상의 무역갈등보다 더 근원적인 변화를 시도하고 미국은 이에 대해 더 강력한 제재로 중국을 압박하는 상황일 수도 있다.

저녁은 지어 먹는 게 낫겠다 싶어 목요일에 두 번째 밥을 지었는데 맛이 기가 막히게 좋다. 밥만 먹으라고 해도 먹을 수 있을 정도이다. 무슨 쌀이기에 이리 맛있나 검색해봤다. 하얼빈시의 우청시哈尔滨市五常市란 곳에서 생산한 오상대미五常大米란 쌀이다. 하얼빈은 조선시대 우리 민족이 처음으로 쌀을 경작한 곳이다. 다시 오상대미를 검색하니 역시 우리 민족이 1835년에 가져다 농사를 지은 한국 재래종 쌀이다. 청황실에서도 공납받아 먹었다고 한다. 바이두 백과百度百科의 설명에서 땄다.

清道光十伍年(1835年), 吉林将军富俊征集部分朝鲜人在伍常一带引河水种稻, 所收获稻子用石碾碾制成大米, 封为贡米, 专送京城, 供皇室享用.

청 도광 15년(1835년) 길림장군 부준은 일부 조선인을 징발하여 오상

일대에서 강물을 끌어들여 벼를 심었고 수확한 벼는 돌로 찧어 쌀을 만들고 공미로 삼아 경성으로 봉송하여 황실에서 먹을 수 있도록 하였다.

어쩐지 묘한 향수를 느꼈더니 그 이유였다. 지금도 중국에서 체류하는 한국 학생들이나 직장인들이 가장 좋아하는 쌀이 이 오상대미라고 한다. 일반적으로 쌀농사는 중국 강남지역에서 발생해서 전 세계로 퍼져 나갔다고 알려졌다. 이후 한국인들이 종자개량을 통해 냉대에도 견디는 오상대미와 같은 종자를 만들었다는 것이 통설이다. 최근에는 청주의 소로리에서 15,000년 전 볍씨가 발견되어 몇몇 권위 있는 고고학 교재에 세계에서 가장 오래된 볍씨로 소개되고 있다.[55] 어쩌면 소로리 볍씨가 한국인들이 개발한 냉대기후에 견디는 쌀의 조상이거나 온 세상 벼의 조상일 수도 있다는 생각을 하게 된다. 채집경제에 의존하던 후기 구석기시대라면 우리나라 청주에서 중국의 강남까지는 한 인간집단이 몇 개월 정도에 충분히 왕복 가능한 거리다.

그들이 동아시아인들의 공동 조상일 수도 있다. 청주에서 사람에 의해 순화된 벼가 해안을 따라 천천히 이동하며 중국의 강남에서 본격적으로 작물화된 과정은 어려운 일은 아니었을 것이다. 많은 생각을 하게 하는 조선 벼이다.

---

55 조선일보 2017년 5월 7일 기사 "쌀의 기원 중국 아닌 한국" … "청주 소로리볍씨, 中보다 4000년 앞선 가장 오래된 볍씨."

2

와이탄위앤

×

중국 침략의 근거지, 자본시장의 시원이자 신중국의 요람

외탄外灘의 영국 조차지의 시원인 外灘源33은 아편전쟁의 결과로 맺어진 난징조약에 따라 1843년부터 영국 조차지가 되고 1845년에 영국 공사관이 건설되기 시작했다. 와이탄의 시원이란 의미이고 33은 주소이다. 티앤통루(천동로) 지하철 역에서 내려 걸어가다가 쑤저우에서 내려오는 쑤저우 강을 건넌다. 한산습득 일화로 유명한 한산사와 장계의 풍교야박으로 유명한 풍교를 거쳐 흘러오는 강이다. 강가에서는 상하이우편박물관이 위용을 자랑한다.

　아침을 간단하게 든 탓에 출출했는데 마침 이탈리아 식당이 보인다. 상하이에 와서 3주 동안 숙소 말고는 처음으로 신용카드를 받아준 곳이다. 파스타와 코카-콜라를 주문했더니 월드컵 기념 캔이 나왔다.

　식당 앞이 와이탄위앤의 주요건물군 중 하나인 옛 유니언교회이다. 한때 세계 최강이었던 청제국을 굴복시킨 대영제국이 그 무력을 남김없이 과시한 제국주의의 생생한 증인이다. 교회와 교회 부속 아파트 건물, 조정 클럽과 일대 건물군은 10월의 어느 흐린 날에 가서 파노라마를 찍었는데 매우 영국스러운 분위기가 느껴진다.

옛 영사관저에는 파텍 필립매장이 입주했는데 사회주의 국가에서 자본주의의 꽃인 명품매장을 만나는 느낌이 기묘하다. 중국에는 상하이와 베이징 두 군데에 있다고 한다.

1907년에 지은 외백도교를 보러 간다. 잘 가꾼 화단이 외백도교의 입구를 장식한다. 외백도교는 구조적으로 매우 흥미로우면서 미학적으로도 아름다워 옛 영국 총영사관에서 결혼한 신혼부부들이 기념사진을 찍는 곳으로 유명하다. 트러스트교의 골조 위로 천정처럼 골재를 보강했고 인도는 나무로 되어 있다.

외백도교에서 건너다보이는 쑤저우 강 건너에는 러시아 총영사관이 자리한다. 러시아 총영사관은 러시아제국 시기인 1896년에 처음 설립된 후 러시아제국이 붕괴한 1917년부터 이 건물에 위치한다. 러시아 총영사관 입구의 문장은 예전 러시아제국의 문장을 되살려 사용한다.

　　1917년 제국의 붕괴에 이은 레닌의 공산혁명에 닥쳐 극동과 만주에 살던 많은 러시아인들이 상하이로 왔다. 이 영사관은 그들의 피난처 역할을 했을 것이다. 레닌과 그의 후계자인 스탈린의 후원으로 1920년 중국공산당이 탄생하고 그들이 중국을 통일함으로써 현대 세계질서가 만들어졌음을 생각해보면 1917년의 의미는 가볍지 않다. 이 러시아 총영사관이 중국 근현대사에서 가장 중요한 사건 중 하나인 '공산당 창당'을 배후에서 주도한 현장이다.

　　러시아 총영사관 건너편에는 1848년 Richards' Hotel and Restaurant 이란 이름으로 건립된 아스토어 하우스 호텔이 있다. 이 호텔은 한때 세계적으로도 이름이 높았다. 런던과 뉴욕 다음으로 컸던 상하이 주식시장이 1920년부터 1949년 신중국 건국으로 폐업할 때까지, 1990년 재개업해서 1998년 푸동으로 이전할 때까지 이곳에 있었다. 중국 자본주의의 상징과 공산주의의 산파가 작은 길 하나를 사이에 두고 마주하고 있었던 셈이다.

외백도교에서 보는 푸동 지역은 동방명주가 두드러지게 보이는데 사실 그 오른쪽 상하이 타워가 훨씬 높은 건물이고 그 오른쪽은 영웅기념탑이다. 제국주의, 사회주의와 자본주의가 시공간을 넘어 교차하는 와이탄위앤에서 21세기의 중국을 바라보는 느낌은 아주 특이하다.

외백도교에서 시내 쪽으로 돌아보니 왼쪽으로 황포공원이 보인다. 1860년대에 조성되어 한때 '중국인과 개는 출입금지'라는 표지판을 붙인 것으로 알려져 동아시아인들의 공분을 샀던 일화가 있는 공원이다. 1973년작 영화 〈정무문精武門〉에서는 분노한 주인공 이소룡이 그 표지판을 격파해버린다. 그러나 이는 여러 가지 정황상 사실이 아니다. 1917년 9월에 제정된 〈공공과 보호 공원을 위한 규칙들Public and Researve Gardens Regulations〉의 열 가지 규정은 다음과 같다.

1. 공원들은 외국인 공동체를 위해 따로 만든 것이다(Reserved).

2. 개장시간은 오전 6시부터 24시 30분이다.

3. 적합하지 않은 복장으로는 입장할 수 없다.

4. 개와 자전거는 입장할 수 없다.

5. 유모차는 인도로만 제한된다.

6. 새 잡기, 꽃 꺾기, 나무 오르기, 나무, 덤불, 잔디를 손상하는 행위는 엄격히 금지된다. 방문자와 아이들을 책임지는 사람들은 그러한 잘못된 행위를 방지하는 데 도움을 주어야 한다.

7. 누구라도 연주대 울타리 안으로 들어갈 수 없다.

8. 아이들을 돌보는 가정부는 악단이 연주하는 동안 자리 또는 의자를 차지하면 안 된다.

9. 외국인을 동반하지 않은 아이들은 보호정원에 들어갈 수 없다.

10. 경찰은 이러한 규칙을 시행하기 위한 지시를 받는다.

요지는 외국인 전용이라는 의미이므로 중국인들은 당연히 제지되었을 것이다. 그러니 중국인이라면 분노할만한 상황인 셈이다. 외국인이라 하더라도 3항을 내세워 한국인, 인도인, 일본인들이 민족의상을 입었다면 입장이 거부된다. 그래서 '중국인과 개는 출입금지'라는 극도로 자극적인 도시 전설이 생겨났을 것이라 짐작된다. 황포공원 앞 중국여행사 상하이 분사로 사용되는 옛 영국 총영사관 정문으로 들어가면 왼쪽에 보이는 멋진 소개문은 동판에 양각으로 새겨졌다. 안쪽으로 상하이에 남은 첫 서양식 건물이 넓직한 터에 자리 잡아 많은 사람들이 결혼식을 올리기도 한다.

　　옛 영국 총영사관 주변은 원래 영국인들의 주 거주지였다. 원명원로로 불리는 이 가로의 건물들은 지금도 아파트로 사용한다. 이 일대에는 옛 영국식 건축물들이 즐비하다.

3

푸싱공원과 쑨원 옛집

X

프랑스 조계의 중심지와 현대중국의 설계자 쑨원의 공간

자산루嘉善路의 숙소에서 2km 정도 떨어 진 푸싱(부흥)공원으로 산책을 나간다. 점심 은 가벼운 분식을 먹기로 하고 공원 근처를 검색하니 아랑면가阿娘麵家란 국수집이 있 다. 부흥공원 일대는 프랑스 조계지에 속해 1차 중일전쟁으로 상하이에 일본군이 주둔 하게 된 1932년대 초까지 일본의 영향력이 미치지 않았기 때문에 안창호(1878~1926), 김구(1876~1949) 두 분을 위시 한 많은 임시정부 요인들이 거주지로 택한 곳이다.

우리 임시정부 옛 청사는 여기에서 동쪽으로 600m 지점에 있다. 산책로 초입 샤오싱루에는 프랑스인들이 심었을 플라타너스 가로수의 녹음이 가득하다. 중국인들은 프랑스 오동나무라 부른다. 배우 장국영이 자주 가던 한원서점이 있었던 이곳은 흡사 프랑스 도시의 뒷골목 같다. 상하이의 다른 곳과 마찬가지로 리노베이션이 꾸준히 진행 중이다. 사립영창학교는 중국이 비록 사회주의국가이지만 개인주의가 뿌리 깊게 자리 잡았다는 증표이다. 이 근처 주택가는 전선만 들어내면 샹젤리제의 뒷골목과 다름없을 정도로 우수한 건축물들이 즐비하다.

19세기부터 중국이란 거대시장에 끌려 여러 나라 사람들이 몰려들었고 상하이는 자연과 사람들이 만들어내는 풍요로움으로 그들의 보금자리가 되었다. 식당에 도착해 점심 메뉴는 게살국수蟹粉面로 골랐는데 발음을 몰라 핸드폰에 글씨를 써서 주문했다. 한자를 조금 아는 게 도움이 된다. 매진된 메뉴는 뒤집어 놓는다. 반찬을 주문할 줄 몰라 면만 주문해서 먹었는데 맛있어서 깨끗하게 비웠다.

다시 나선 산책길에 우연히 화가 린펑미앤林風眠의 옛집을 만났다. 중국 근대미술의 선구자로 서양화와 중국화를 결합한 화풍으로 일세를 풍미했다. 최근에 타계한 오관중과 같은 유수한 제자를 길러낸 것으로 유명하다. 중화예술궁에 가면 그의 좋은 그림을 몇 점 볼 수 있다.

린펑미앤의 옛집 옆은 1926년에 건축된 옛 프랑스대학 건물이다. 프랑스인들이 상하이에 거주하는 자국 젊은이들의 교육을 위해 지었는데 관리가 잘되어 있다. 현재는 상하이과학원이 들어섰다. 1911년 만주에

상하이, 시간을 걷는 여행

신흥무관학교를 지어 교육에 전력하며 독립을 위해 노심초사하던 독립
운동가들을 생각한다.

옛 프랑스 조계지의 중심에 푸싱공원이 있다. 프랑스 정부가 1900
년 고顧 씨 가문의 개인정원을 은 7만 6천 량에 사들여 공원으로 조성
해 1909년 프랑스혁명기념일을 기해 고가댁공원顧家宅公園이란 이름으로
개장했다. 서양식 정원과 중국식 원림의 조경을 융합한 형태로 다양한
식생과 조형물을 만날 수 있다. 북문 근처에 종려나무 숲이 있고 프랑스
식 정원인 장미원에선 예순 넘어 보이는 노인들이 군데군데 모여 토론
한다. 타이치 수련하는 사람들은 대부분 노인들이다. 노인복지에 대해
생각하게끔 하는 광경이다. 노인들의 활동이 경로당에 치우친 우리나라
에 비해 다양한 형태로 노후를 활용한다는 느낌을 받았다.

동쪽의 중국원경구는 연꽃을 심은 연못과 정자를 어울리게 배치한
전형적인 중국의 원림이다. 북문과 중국원경구 사이에는 마르크스 엥겔
스 동상이 있다. 이념을 떠나 위대한 인도주의자이자 과학자들이다. 그

들이 개진한 유물론적 세계관은 여전히 유효한 담론의 주제이다. 모든 인류에게 보편적인 최소한의 물적인 기초를 제공함은 우리 모두의 기본적인 의무이다. 그러나 소수 엘리트주의자들이 득세하여 괴이한 실험으로 사람들을 생존의 극한으로 몰아넣는 것이 현실이다. 사람들의 생존이 걸린 현실은 가벼이 실험할 대상이 아니다.

공원에서 사람들이 연을 날린다. 까마득히 먼 하늘, 점처럼 세 물체

가 보인다. 성인 키만 한 가오리연이다. 300m가 넘는 듯하다. 대단한 기예이다. 상하이에서는 곳곳에서 사람들이 연을 날린다. 남문 근처는 대나무 숲이 울창하다.

서문 쪽 메타세콰이어 숲을 보고 뜬금없다 생각했는데 그 나무의 원산지가 중국이다. 이전에는 중생대에 살았

던 침엽수의 화석으로 알려졌다가 1944년 후베이성 언시 투쟈먀오족자치주 리추안시恩施土家族苗族自治州 利川市(호북성 이천시)에서 살아 있는 작은 군락이 발견되고 1948년 중국의 식물학자들이 메타세콰이어 화석과 같은 종으로 확인한 나무이다. 같은 해 미국의 하버드 아놀드 수목원에서 탐험대를 파견하여 종자를 채취해서 각지로 확산하게 된다. 그 이후 전 세계로 재배가 확산되었다. 우리나라에서는 남이섬, 파주, 담양, 서울 양재천, 이천의 메타세콰이어 길이 유명하다. 성장속도가 유달리 빨라 가로수로 키우기 적합하다.

공원을 나와 숙소로 돌아가는 길에 실험중학교를 봤다. 나중에 확인한 바로는 상하이에는 실험학교가 꽤 많은데 새로운 학제를 실험 중이라 한다. 변화하는 시대에 발맞추어 노력하는 중국인들의 실험적이고 진취적인 태도는 본받을 만하다. 또 한 번 우연히 행운을 만났다. 쑨원孫文(1866~1925)과 쑹칭링宋慶齡이 살던 집, 이제는 상하이 손중산 고거 기념관孫中山 故居 記念館이 된 곳이다. 쑨원은 1912년 신해혁명으로 청나라의 통치를 종식하고 건립된 중화민국의 임시대통령이자 3개월 만에 혁명의 대의를 위해 대통령직을 위안스카이袁世凱에게 양보한 중국 영웅이다. 그의 구호 '驅除韃虜恢復中華-오랑캐를 몰아내고 중화를 회복하자'에서 보듯 그의 국가관은 상당히 민족주의적이었다. 1949년 사회주의를 기치로 건국된 신중국의 이념과 상당히 배치된 셈인데 최근 민족주의 회귀와 더불어 평가가 높아진 듯한 느낌이다. 세상은 계속해서 변한다.

쑨원의 이름은 여럿인데 우리말 발음으로 본명은 문文, 족보명은 덕명德明, 세례명은 일신日新 또는 일선逸仙, 호는 중산中山이다. 일신과 일선의 광동어 발음은 얏셴으로 그의 영문명은 쑨얏셴Sun Yat-sen이 되었다. 동상 아래 적힌 쑨쫑샨孫中山이란 이름은 그가 일본에 망명했던 1897년 도쿄의 나카야마 후작 저택 앞 여관 숙박부에 방편으로 적어 넣은 나카야마 기코리中山樵(중국산의 나무꾼)란 가명에서 유래했다. 현대 중국에서는 쑨원이라는 이름보다는 쑨쫑샨이란 이름이 더 많이 쓰이는 듯하다.

이때 정립한 그의 건국이념인 삼민주의는 봉건왕조에 시달리던 당시로서는 매우 혁명적인 개념이었다. 1915년 9월 쑨원의 아내가 그를 찾아 자녀들을 데리고 도쿄로 온다. 이로부터 한달 뒤에 손문(쑨원)은 26세 연하인 송경령(쑹칭링)과 재혼한다. 본처로서는 이혼여행이었던 셈이다. 마지막 사진을 남긴 그녀의 마음을 헤아리면 참 쓸쓸하다.

　　쑨원의 실제 거주지는 촬영을 허용하지 않아서 그림으로 된 스튜디오만 찍을 수 있다. 쑨원과 쑹칭링은 결혼 후 1925년 3월 쑨원이 간암으로 타계할 때까지 9년 5개월간 함께 살았다. 두 사람은 신혼 시절, 계림桂林의 첩채산疊彩山을 여행하며 사진을 찍었다. 쑨원의 타계 후 후계자 장제스가 국민당에서 좌파를 축출하고 국민당을 우파정당으로 만들자 쑹칭링은 이에 맞서 국공합작 노선을 지지함으로써 쑨원의 유지를 이었다고 할 수 있으니 쑹칭링과의 결혼은 쑨원의 심모원려였을 것이다. 중국공산당이 그녀가 죽기 직전 명예국가주석으로 추대한 배경이다.

　도산 안창호(1878~1938)가 쑨원과의 친분으로 그를 방문하였다고 하
니 아마도 여기에 왔을 것이다. 이 집에서 공산당원을 포함한 상하이 거
주 국민당 대표 53인이 모여 중국의 미래에 대해 토론했다. 정원 잔디밭
이 그 현장이다.

　관람을 마치고 숙소로 돌아오는 길에 샤
오싱공원에 들렀다. 의외의 장소에서 일본
인 동상을 보았다. 알아보니 나가사키 출신으
로 도사번에서 경영하던 도사상회의 가주에
게 입양된 영화사업가인 우메야 쇼키치梅屋庄吉
(1869~1934)였다. 그는 19세기 말 상하이와 홍

콩에 거주하며 20년간 쑨원을 후원했다. 일본인들이 동상을 만들어 그가 거주하던 샤오싱루 근처인 이 공원에 설치했다.

이 사람은 청년기에 미곡중개업에 실패하고 홍콩으로 이주하여 살면서 사진과 영화촬영술을 익혀 아시아주의를 표방하는 일본 영화산업의 선구자가 되었다. 아마도 다양한 경험으로부터 국수주의가 가진 인간성 파괴의 악영향을 깨달았을 것이다. 1934년 중일 간의 관계가 악화되던 상황을 저지하기 위해 일본 외상을 만나러 가던 중 치바현 미카도역에서 쓰러져 죽는다. 대다수 일본인들이 소수의 제국주의적 야욕에 야합해 한국과 중국을 침략하는 데 동조한 그런 암흑시대에도 깨어 있는 양심은 여전히 숨 쉬고 있었다. 이들처럼 깨어 있는 양심을 품을 수 있을지 깊이 반성하게 만드는 현장이다.

항저우 대한민국 임시정부

X

한국인 불굴의 독립정신, 중국과의 우의의 표상

서호를 둘러보기 위해 아내와 함께 항저우에 도착했다. 이른 아침
을 가볍게 든 탓에 일찍 점심을 먹기 위해 서호 주변을 돌아보다 전혀
기대하지 않았던 뜻깊은 장소를 만났다. 항저우 대한민국 임시정부 유

적지이다. 처음에는 항저우시 보호유적으로 지정됐다가 2017년 저장성 보호유적으로 승급됐다. 보존을 잘해준 중국인들이 새삼 고맙다.

이곳은 윤봉길 의사의 의거로 일본에게 필사적으로 쫓기던 임시정부 요인들과 가족들이 중화민국 정부의 도움으로 마련한 항저우의 두 번째 청사이다. 첫 청사는 김철金澈[56](1886~1934)이 지금의 한팅漢庭호텔 자리인 여관 객실에 자리 잡았고 세 번째 청사는 오복리 작은 주택이다. 김철, 송병조宋秉祚[57](1877~1942), 차리석車利錫[58](1881~1945). 귀하고 자랑스러운 이름들이다. 백범의 휘호 '知難行易-아는 건 어렵지만 움직이는 건 쉽다'가 전시돼 있다. 나라가 망한다는 게 어떤 의미인지 잘 알게 되면 행동은 당연히 자연스레 나오는 법이다. 요즘 우리나라의 상황을 보여주는 각종 지표들이 내는 경보 소리에 무심하기 어려운 이유이다.

---

56 전남 함평 출신으로 1915년 메이지대학 졸업 후 임시정부 합류.

57 평북 용천 출신으로 1914년 평양신학교 졸업 후 목사, 1921년 임시정부 합류.

58 평북 선천 출신으로 1904년 평양숭실중학 졸업, 1919년 임시정부 합류.

일본에게 굴욕 당하던 중국인들은 윤봉길 의사의 의거로부터 제국주의에 대항하는 새로운 희망을 발견하며 대일본전쟁에서 국제적 명분을 얻게 된다. 중국 정부와 중국인들은 임시정부를 승인하며 적극적으로 도왔다. 항저우 청사에는 대한광복군 총사령부 창립 기념식에 온 내빈들의 기념서명이 남아 있다. 임시정부의 중국인 후원자들이 적지 않았고 여러 중국인들이 한국 정부로부터 건국훈장을 받았다.

특히 상하이법학원장이었던 주푸청褚輔成(저복성, 1873~1948)과 그의 가족은 김구를 보호하기 위해 각별한 노력을 기울였다. 1932년부터 1933년 초까지 김구를 친척들과 며느리의 친정에 보내 은신토록 했다. 1933년 초부터 수색이 더욱 강화되어 은신이 어려워지자 1937년 말까지 김구와 스무 살 처녀 뱃사공 주아이바오朱愛寶를 부부로 위장시켜 도피생활을 하도록 주선했다. 1937년 난징이 일본에 함락되자 백범은 임시정부와 함께 후난성 창사로 옮기면서 그녀를 고향인 쟈싱으로 잠시 돌려보냈는데 그후로는 다시 만나지 못했다.[59]

---

59 『백범일지』: 남경서 출발할 때 주애보는 본향인 가흥으로 돌려보냈다. 그후에 종종 후회되는 것은, 송별 시에 여비 100원밖에는 더 주지 못했던 일이었다. 근 5년 동안 나를 위해 한갓 광동인으로만 알고 살았지만, 부지 중 유사부부이기도 했다. 나에게 공로가 없지 않은데, 후기(後期)가 있을 줄 알고 돈도 넉넉히 돕지 못한 것이 유감천만이었다.

상하이, 시간을 걷는 여행

　　이곳은 입장료를 받지 않고 대신 출구에 기부함을 배치했다. 생각지 못한 행운 때문에 점심이 늦어졌다. 여행의 묘미는 이런 뜻밖의 경험에 있다.

5

루쉰공원, 루쉰 옛집과 리양루

×

윤봉길 의거 현장, 루쉰의 마지막 거주지와 안식처

루쉰魯迅

국경절 연휴 마지막 날이다. 루쉰공원과 루쉰(1881~1936)이 살던 옛 집에 간다. 루쉰은 중국근대화에 영향을 끼친 작가로 근대화 과정에서 공산당을 적극 옹호하고 대변했다. 중공성립 후 다양한 분야에서 높게 평가받아 그 유산을 적극적으로 보호하고 있다. 홍커우공원을 루쉰공원 으로 개명한 것도 그 일환이다. 난 43년 전 그의 단편집을 읽고 엄청난 충격을 받았다. 『아Q정전』과 『광인일기』에서 보인 그의 자기비판이 지 나칠 정도로 가혹해보였기 때문이다. 그가 전통에 따라 얻은 유순하고 선량한 부인을 버린 과정 또한 잔혹할 정도로 끔찍해서 호감이 가는 인물은 아니었다. 그가 중국에서 이 정도로 존경 받을 줄은 몰랐다. 몇 년 전, 우리 회사의 중국 사무실에 갔다가 벽에 적힌 그의 글을 보고 한동안 멍했던 기억이 난다. 그의 글과 유사한 이양연李亮淵(1771~1853)의 시가 떠올랐는데 비슷하면서도 결이 아주 달랐다. 먼저 루쉰의 소설 「고향」의 마지막 구절이다.

希望是本无所谓有, 无所谓无的. 这正如地上的路, 其实地上本没有路, 走的人多了, 也便成了路.

희망이라는 것은 본디 있다고 할 수 없고 없다고 할 수 없다. 그것은 마치 땅 위의 길과도 같다. 실제로 땅 위에는 본디 길이 없다. 다니는 사람들이 많아지면 그것이 곧 길이 된다.

다음은 이양연의 시, 「야설野雪」이다.

穿雪野中去	눈을 뚫고 들 가운데 가니
不須胡亂行	하지 말아야지 어지럽게 가는 것
今朝我行跡	오늘 아침 내 가는 발자국
遂作後人程	뒷사람에겐 길이 될 테니

사람마다 받는 느낌이 다르겠지만 루쉰의 글은 사회주의 혁명가 느낌을 그대로 전달하고 이양연의 글은 사려 깊은 성자와 같은 느낌을 준

다. 이양연의 시가 서산대사의 선시로 오해받은 이유이다. 난 두 글이 대립되는 세계관을 보여준다고 생각하지 않는다. 다른 상황에 대한 대처라고 생각한다. 두 길을 다 갈 수 있으리라.

루쉰공원, 루쉰 옛집과 리양루

홍커우축구장역에서 내려 루쉰공원에 자리한 루쉰기념관으로 간다. 초입에 입인立人사상을 소개하는 현판이 있다. 그가 도쿄에 머무를 때 쓴 문화편지론文化偏至論이란 짧은 잡문에서 주창한 인간론에서 따온 말이다.

우리나라 해월 최시형海月 崔時亨의 인내천이 종교적인 선언이라면 루쉰의 입인사상은 현실적인 사회실천이론이다.

是故将生存两间, 角逐列国是务, 其首在立人, 人立而后凡事举 ; 若其道术, 乃必尊个性而张精神, 假不如是, 槁丧且不俟夫一世.

그러므로 세상에서 여러 나라와 경쟁하며 생존하려면 가장 중요한 것은 사람을 세우는 일이다. 사람이 서야 어떠한 일이라도 할 수 있다. 사람을 세우는 방법이라면 곧 반드시 개성을 존중하고 정신을 북돋아야 한다. 만약 이와 같지 않으면 나라가 망하는 데 한 세대도 걸리지 않을 것이다.

1933년 아일랜드 작가 버나드 쇼가 상하이에서 거주하던 진보지식인들과 만난다. 루쉰, 린위탕林語堂[60](1895~1976), 해롤드 로버트 이삭스 Harold Robert Isaacs(1910~1986),[61] 차이위안페이, 쑹칭링, 버나드 쇼, 아그네스 스메들리Agnes Smedley[62](1892~1950)가 이들이다. 전 세계에 간행된 루쉰의 저작물을 모아놓은 방이 있다. 한글로 된 책은 한국, 북한, 연변 등에서 발행되었다.

---

60 중국고전의 영역을 비롯해 중국어와 영어를 아우르는 다양한 문필활동으로 20세기 중국의 지성을 대표하는 국제적인 인물로 손꼽힌다.

61 1930년에 중국으로 와서 좌파정파에 협력하던 미국인 정치학자이다.

62 미국 출신 언론인으로 중국공산당을 국제적으로 옹호한 사람이다.

루쉰은 화상석에 대한 관심이 깊어 그 보존과 해석에 많은 영향을 끼쳤다. 〈예사십일羿射十日-열 개의 태양을 쏘는 예〉와 〈상아분월嫦娥奔月-달로 도망간 예의 아내 상아〉라는 신화를 묘사한 화상석이다. '예'는 상아의 남편이다. 어떤 연유로 열 개의 태양이 떠서 생물들이 살 수 없게 되자 '예'라는 영웅이 나타나 아홉 개의 태양을 쏴서 떨어뜨렸다. 그가 불로장생을 관장하는 서왕모에게서 불사의 약 두 알을 받아왔는데 그의 아내 상아가 두 알을 모두 삼키고 달로 도망갔지만 그로 인해 신의 저주를 받고 두꺼비가 되었다는 게 예와 상아의 신화다.

백여 점이 넘는 화상석이 전시되어 있다. 단군신화를 담은 화상석도 어디선가 본 기억이 나서 찾아봤는데 애석하게도 여기에는 없다. 큐슈에 있는 단군사당과 더불어 해외에 있는 단군의 자취인데 언젠가는 찾아볼 수 있을 거라 믿는다. 다양한 문화 교류의 증거이다.

루쉰기념관을 나와 매헌梅軒기념관으로 간다. 루쉰공원의 옛 이름은 홍커우공원, 윤봉길 의사가 일본 육군 수뇌부와 민간인 협력자들을 폭탄으로 제거한 바로 그 의거 현장이다.

일본군은 1931년 만주사변을 일으켜 만주를 점령한 다음 괴뢰국가를 세울 시간을 벌기 위해 1932년 1월 28일 상하이를 침략해 3월 3일에 완전히 점령한다. 중국과 일본은 5월 5일 국제연맹의 중재로 조약을 체결한다. 상하이, 쑤저우는 비무장지역으로 설정되고 중국은 치안유지 경찰을 두는 반면, 일본은 소수나마 군대를 주둔할 수 있게 됨으로써 중국 주권을 심각하게 훼손하게 된다.

그러므로 일본군 점령하인 4월 29일 전승의 기쁨에 환희하던 일본 제국 육군 수뇌부를 박멸한 윤봉길의 쾌거는 더욱 뜻깊다. 그의 의거는 쇠잔해가던 대한민국 임시정부를 되살리고 일본의 대륙침략을 상당기간 동안 저지했다고 평가받는다. 한 사람의 행위가 이토록 많은 사람들의 복지에 공헌한 사례가 인류역사에 얼마나 될까? 중국인들도 그 고마움을 잊지 않고 기념관을 세워 기린다. 매헌에는 윤봉길의 휘호, 〈장부출가불생환丈夫出家不生還-장부가 출가를 하면 살아 돌아오지 않는다〉를 전시한다. 어린 두 아들을 두고 떠나던 그의 마음은 어떠했을까.

공원에서 500m 떨어진 곳에 루쉰이 생의 마지막 3년을 보낸 옛집이 있다. 그가 쓰던 가재도구 및 필기도구를 진열해두었다. 루쉰은 부모가 정해준 아내를 저버리고 이 집에서 제자와 살다가 어린 아들을 남기고 1936년에 폐암으로 죽었다. 그의 본처는 독신으로 살며 루쉰의 어머니를 봉양하다가 어머니가 별세한 후 얼마 지나지 않아 타계한다. 인간적으로 루쉰은 매우 불행한 사람이다.

근처 리양루漊阳路로 가서 1920~1930년대 건축된 옛 주택단지를 살핀다. 리양루에는 똑같은 구조의 48채로 된 영국식 주택이 있다. 원래는 한 채를 두 가구가 나눠 사용하게 되어 있었으나 현재는 700m²에 지어진 한 채를 여러 가구가 나눠서 사용한다. 원래 모습의 장려함을 상상하는 것은 어렵지 않다. 현재는 중국 정부가 산음로 역사문화풍모구山陰路歷史文化風貌區의 중심 부분으로 개발할 계획이다.

처음 상해에 왔을 때는 수륙이 절묘하게 얽힌 대자연의 풍요로움과 창장의 충적이 만든 토지의 비옥함과, 광활한 지리의 넉넉함과 기후의 온화함으로 하여금 축복받은 땅이라고 생각했다. 그래서 여기 일하는 동료들에게 강남의 풍요로움이 부럽다고 말했었다. 아마도 평화 시에는 이곳만큼 복받은 땅도 없으리라. 그러나 이 땅에 얽힌 사연을 하나씩 풀어볼 때마다 드러나는 현실은 참담하다.

백 년마다 아니면 그보다도 더 잦게 이 풍요로운 땅은 그 풍요로움이 커질수록 인간의 탐욕이 침노해서 형언할 수 없는 지옥도를 만들어 냈다. 가깝게는 난징대학살, 태평천국의 난, 명청전쟁을 겪으며 인구의 태반이 참화를 입은 땅이다. 따라서 루쉰의 분노는 너무나 정당하며 인립을 주장한 그의 사상은 더욱 빛난다.

6

정안별서, 마오쩌둥 옛집

×

근대 여명기의 주택과 신중국의 건설자 마오쩌둥의 집

일요일엔 상하이의 옛 풍경을 간직한 정안별서, 마오쩌둥의 옛집, 정안사, 상하이박물관을 전철로 다녀왔다. 정안별서静安別墅(징안비엣수)에서 墅는 들에 내어 지은 집이란 의미이다. 우리나라에서는 세검정 근처 석파정이 딸린 집을 흥선대원군 별서라고 불렀다. 영어로는 Villa로 번역한다. 1930년대 지은 서양식 중상류층 주거 건축물이다. 난징시루역 12번 출구 오른쪽에 바로 붙어 있다. 근대 초기 동아시아에 도입된 서양식 주거건축으로 의미가 깊다.

　정안별서를 나와 마오쩌둥이 이십 대에 살던 옛집을 찾아가던 도중
에 우연히 상하이전람센터를 만났다. 1955년에 중소우호대하中蘇友好大廈
란 이름으로 설립된 건축물로 1988년까지 상하이에서 가장 높은 빌딩
이었다. 스탈린의 신고전혁신 양식으로 지어졌다. 높은 첨탑을 중심에
둔 대칭에 열주를 드러내는 스타일이다. 1955년은 동아시아에서 1945
년 이후 십 년간 일어난 일본제국 멸망, 만주국 붕괴, 한반도 독립(1948),
근대 일본국(1952) 성립 등 일련의
사건의 마지막 피날레를 장식한, 소
련이 뤼순을 중국에 반환한 역사적
인 사건이 있었던 해다.

　　이 건물이 지녔던 상징성은 동
방명주를 거쳐 상하이 타워로 넘어
왔다. 뤼순반환은 김일성이 주도하
고 소련이 허락한 한국전쟁에서 중

국이 막대한 인명 희생을 치른 대가로 소련으로부터 얻어낸 것이다. 이로써 북한은 간도에 대한 영유권을 주장할 명분을 잃었으며, 중국은 한민족이 중국혁명에 끼친 심대한 기여에 대한 부채의식을 털어내고 조선족 자치구를 조선족 자치주로 격하한다. 중국과 북한 간의 피로 맺은 혈맹관계는 더욱 돈독해졌다.

역사적으로 한민족과 한족은 10세기 이후 천 년간 농경민족으로서 타 민족들에 대한 방어에서 대부분 같은 편에 서서 대응해왔다. 고려와 송이 거란과 여진에 대해, 조선과 명이 남방의 왜와 북방의 만주족에 대해 함께 대항해온 점은 사실이다. 하지만 1882년 조선 명성황후 측의 요청을 받은 청이 임오군란을 진압한 것을 구실로 조선을 속국화하여 일본침략에 대응하려다 오히려 일본에 패하고 조선의 멸망을 초래한다. 이는 그 공조가 깨진 첫 사례다. 지금은 한국과 미국이 동맹해 북한과 중국의 동맹에 대립하는 형세다. 통일이 시급한 이유다. 내가 갔을 때는 상하이 국제 차문화 관광축제 행사가 열렸다.

차는 중국인들이 처음 음료로 개발하여 전 세계로 확산한 상품이니 중국인들이 요즘 내세우는 일대일로에 적합한 상품이다. 방짜유기로 만든 다양한 다기들이 중국의 풍요로운 차문화를 보여준다.

다시 마오쩌둥의 옛집을 찾아간다. 근처에는 현대식 건물만 가득하고 옛 건물이 전혀 없어서 전람회장 사람들에게 마오의 옛집을 물어보니 모른다고 한다. 어쩔 수 없이 지도에서 안내하는 대로 가니 빌딩 숲 뒤쪽으로 300m 정도 거리에 숨어 있다. 주위에는 현대식 마천루가 즐비하다.

쑨원이 현대중국의 주춧돌을 놓은 인물이라면 건축가는 마오쩌둥(1893~1976)이다. 그는 1920년 상하이에서 출간된 공산당선언을 접하고 공산주의자가 된다.

1920년 여름에 이르러 이론상에 있어, 어느 정도는 행동상으로도 나는

이미 마르크르주의자가 되었으며 이로부터 스스로도 마르크스주의자
가 되었다고 인정하게 되었다.

- 마오쩌둥

마오는 1950년 겨울 한국전에 개입해 멸망 직전이던 김일성정권을
살려냈으니 한국인에겐 만감이 교차하는 인물이다. 자신의 장남도 한국
전에서 사망했으니 그 또한 한국을 생각하는 마음이 비슷했을 테다. 중
국공산당은 스탈린의 도움으로 중화민국을 몰아내고 중국을 통일하였
다. 소련의 영향에서 벗어나기 쉽지 않으나 한국전은 중국공산당의
국제적 발언권을 크게 강화하는 계기가 되었으니 마오와 중국인들의
입장에서도 매우 중대한 사건이다. 전시실에는 1920년 쑨원과 차이위
안페이가 출간한 노동절특집 『신청년』이 있다. 마오쩌둥은 뛰어난 명필
이다. 침실로 올라가는 계단 옆에 그의 글씨 복제본이 걸렸고 침실에는
주전자, 대야, 솥 등 간단한 가재도구를 전시한다.

상하이, 시간을 걷는 여행

다시 상하이에서 가장 큰 절인 정안사를 찾아간다. 200~300m 정도 떨어진 거리다. 정안사는 3세기에 창건되었으나 전란에 훼손되었다. 그나마 남아 있던 것이 1960년대 문화혁명 시기에 홍위병에 의해 모두 망가져 플라스틱 공장으로 사용되다가 1980년대에 새로 지어진 건물이다. 불교의 가르침은 신앙이라기보다는 행복을 추구하는 데 있으므로 마르크스의 유물론과 크게 배치되지 않기에 문화대혁명기에 이런 시련을 겪었다는 사실이 믿기지 않는다. 그만큼 초기 공산주의자들의 사고가 편협하고 무지했다는 반증일 것이다.

무지가 확신과 결합하면 교만보다 큰 죄악이 된다. 확신에 대해 경계해야 하는 이유이다. 오른쪽 문루에 반야般若, 커다란 지혜라는 글귀가 쓰여 있다. 왼쪽 글귀는 열반涅槃이다. 커다란 지혜를 실현하면 열반에 든다는 불교의 교리를 간명하게 보여주는 안배다. 아쇼카왕의 석주를 닮은 금빛 사자머리 당간이 늠름한 형태로 서 있다.

#7

바진 옛집과 우캉루

X

위대한 문학가의 숨결이 깃든 옛집과 그 이웃

바진巴金

바진(1904~2005)은 20세기 중국문학에서 루쉰과 쌍벽을 이루는 작가로 스촨성의 봉건 대지주의 차남으로 태어났다. 10대에 그의 아버지가 죽은 후 형이 가장이 된다. 명석하고 사려 깊은 형이 집안의 간섭으로 자신이 하고자 하는 일은 아무것도 할 수 없는 상황에 빠져서 괴로워하는 모습을 보다가 19세에 집을 떠나 방랑한다. 1927년 프랑스 유학을 떠나 소설을 썼다. 그가 본격적인 장편소설 『가家』를 연재하여 중국의 봉건적인 생활방식을 비판하기 시작한 1931년 4월 형이 자살한다. 그는 '나는 죽지 않을 것이다. 계속 살아 붓을 들 것이며 쓰고 싶은 모든 것을 쓸 것이다'라고 다짐한다.

이후 무정부주의에 심취하면서 본격적인 창작생활을 계속하여 당대 중국의 대표적인 현대문학 작가로 부상한다. 중국 공산정권 수립 이후 바진 역시 문화혁명의 피해를 입는다. 1966년 전 재산을 몰수당하고 그와 아들은 부르주아의 전위로 비판받아 10년간 농촌으로 쫓겨나 외양간에서 생활하고 그의 아내는 암에 걸려 오래지 않아 죽는다. 1976년 마오가 죽은 후 복권되고 나서 '위대한 영혼의 사상서'로 평가받는 5권의 수상집을 남긴다. 그는 문화혁명 10년에 대한 회한을 토로한다.

> 나는 내가 할 수 있는 일을 했고, 내가 해야만 하는 일을 했다. 이 글은 나의 피와 상처와 회한으로 쓴 '유언'이자 문화혁명이라는 '10년 대재난'을 폭로하는 박물관이다.[63]

바진의 옛집

연휴가 끝나가는 토요일, 우캉루의 바진 옛집에 가보기로 했다. 상해도서관역에서 내려 걸어간다. 가는 길목마다 옛 프랑스 조계의 우아한 건축물들이 세월의 더께를 쓰고 서 있다. 바진이 예순 해 동안 산 옛집이 나타난다. 입구에서 오른쪽으로 들어가면 방문자센터가, 그 옆에 황영옥이 만들어 기증한 〈신세기부재우상新世紀不再憂傷〉이 있다. 새로운

---

63 바진 타계 일주년 추모 수상록 선집 『매의 노래』.

세기, 더 이상 고통과 상처는 없다! 1904년에 태어나 2005년까지 질곡의 한 세기를 살고 간 바진에 대한 헌사이자 스스로의 다짐이겠다. 바진보다 불과 12살 연장자인 이광수가 떠오른다. 한평생 독립운동에 진력하다가 일제의 패망 불과 6년 전에 친일로 변절한 이광수(1892~1950)와 평생 자신이 추구하는 인본주의로 매진한 바진. 이들에게서 식민지가 되어 망해버린 나라와 반식민지였어도 그나마 독립을 유지한 나라의 차이를 보는 것 같아서 마음이 아리다.

실내에선 촬영이 금지되어 이층에서 바깥을 찍는데 제지를 받았다. 고지식하다. 난 바진이 창밖을 보면서 무슨 느낌을 받았을까 궁금했을 뿐인데. 출구 근처에 바진이 마지

상하이, 시간을 걷는 여행

막 책을 쓴 태양방이 있다.

바진 옛집을 나오니 앞집에선 결혼기념 촬영이 한창이다. 옛 중화민
국시절 철강왕이 살던 집이다. 부호의 집 치고는 규모가 작은데 세련된
디자인이 만드는 아름다움이 사람들을 끌어 모은다. 주인은 국민당 정
부를 따라 타이완으로 갔다. 바진 옛집 바로 옆은 중화민국 최고위 장군
고축동(顧祝同)의 집이다. 그도 국민당 정부를 따라 타이완으로 갔다.

우캉루를 따라 언덕을 내려오다가 젊은이들이 모인 식당골목을 발
견했다. aCote란 집에 들어가서 피자와 봉골레 라자냐, 마끼아또와 아메
리카노를 시켰는데 명색이 봉
골레 라자냐가 조개는 씹히질
않는다. 피자는 냉동피자와 비
슷하고 마끼아또는 에스프레소
20mL에 우유를 60mL 정도 넣
어서 거품을 내 가져왔다. 아메

리카노는 우리 다방 커피잔에 150mL 정도 담아서 내왔다. 양은 두 사람이 먹기에 적당하다. 장소는 나쁘지 않은데 맛, 음식 퀄리티, 서비스는 친절하지 않다. 식사 후 언덕을 내려가다가 옛 이탈리아 총영사관을 발견했다. 1932년 Credit Foncier사에서 설계하여 건축한 지중해 양식의 예쁜 집이다.

버나드 쇼(1856~1950)가 1933년 상하이를 방문했을 때 우캉루를 산책한 후 그곳에 대해 인상적인 평을 남겼다. 당시의 모습은 더욱 아름다웠을 것이다.

> 여기에 서면 시 못 쓰는 사람은 시를 쓰고 싶고, 그림 못 그리는 사람은 그림을 그리고 싶고, 노래 못하는 사람은 노래를 부르고 싶을 것이다. 느낌이 아주 좋다.

우캉루에서 내려와 쟈오통대학역에서 전철로 산시난루까지 이동했다. 동후루에 있는 동후호텔을 보기 위해서다. 동후호텔 본관 두 건물은 1934년 상해 암흑가 두목 두웨성(杜月笙)[64]과 경극배우 멍샤오둥 부부의 저택으로 지어진 집이다. 중법은행과 쟈오통은행을 거쳐 미국 총영

---

64 위키피디아의 설명: 중국 상하이의 범죄 조직인 청방의 우두머리이다. 그는 1920년대 공산당과 맞서던 장제스와 국민당의 주요 후원자였으며, 중일전쟁 당시 중국에서 활동했던 주요 인물이기도 하다. 국공내전이 발발하고 1949년 국민당이 타이완으로 후퇴하자, 두웨성은 홍콩으로 망명하여 1951년 죽을 때까지 그곳에서 살았다.

상하이, 시간을 걷는 여행

사관이 사용하다가 1990년에 호텔이 되었다. 나중에 알고보니 앞 길 건너 별채에 있는 독립건물군 역시 동후호텔에 속하는데 1925년에 지어진 건물도 있다.

8

우캉루, 화산루, 안푸루

×

아파트 건축의 걸작 우캉루와 근대 조경의 명작 딩샹화원

상당수의 중국인들은 국경절과 주말 중간에 긴 근무일을 연휴로 쓰려고 전주 주말에 대체 근무를 한다. 오늘도 많은 사람들이 대체 근무를 하거나 일을 쉬었다. 나는 집사람과 우캉루 일대 시내를 돌아보기로 했다. 쟈오통대학交通大學에서 휘하이쭝루淮海中路(회해중로)

를 따라 도서관 쪽으로 걷다가 우캉루武康路(무강로)와 만나는 곳에 우캉빌딩이 있다. 1930년대에 지은 아파트인데 많은 관광객들과 건축학도들이 와서 감상한다. 이런 건축물들이 상하이에 코스모 폴리탄 정신을 공급하던 핵심 요소였을 것이다.

회해중로 건너편에는 쑨원의 부인 쑹칭링宋慶齡(1892~1981)이 살던 집이 있다. 제부인 장제스蔣介石(1887~1975)와 연을 끊고 공산당과 진보지식인들을 지원한 일로 중공수립 후 타계할 때까지 신중국의 리더로서 영향력을 행사했다. 가족인 장제스에 대해 반대한 것을 보면 그녀는 신중국건설이란 남편 쑨원의 유지를 실현하는 데 일생을 바치고자 한 듯하다. 우캉대루 옆 싱궈루興國路(흥국로) 길을 따라 걷다가 후난루湖南路와 만나는 교차로에 작은 공원이 있다. 새삼 느끼는 거지만 중국

인들은 녹지조성에 천부적인 재능을 타고난 듯하다. 자투리땅, 가로, 넓은 땅, 어디를 가나 녹지를 기가 막히게 꾸며놨다. 더운 기후를 이겨내기 위해서거나 미학적 이유이겠지만 어느 쪽이든 부럽다.

언덕을 올라가면 화샨루華山樓를 만난다. 만나는 언저리에 사르트르란 식당이 있는데 사르트르가 이 근처 살던 바진을 방문한 사실과 관련이 있겠다. 사르트르 오른쪽으로 돌아서면 딩샹화원丁香花園(정향화원)이다. 청나라 말기 북양대신 리훙장李鴻章(1823~1901)이 첩에게 지어주고 그들

의 아들이자 오스트리아-헝가리 대사였던 리징마이李經邁(1876~1938)가 미국인 건축가에게 맡겨 만든 화원이다. 딩샹화원은 영국식 정원인데 곳곳에 중국적 요소를 어울리게 배치했다.

리훙장은 안휘성 허페이合肥 출신 한족으로 회군淮軍이란 민병대를 이끌며 태평천국의 난을 평정하는 데 공을 세워 발탁되었다. 자신의 민병대를 북양군으로 만들어 권력을 장악한 후 양무운동을 일으켜 청의 근대화를 시도하였으나 1894년 청일전쟁에서 북양군이 대패하면서 불

평등조약을 맺게 된다. 한때 중국의 비스마르크라고 불리며 정치적인 역량을 인정받았으나 청조의 멸망을 되돌리지는 못했고 말년과 사후에 매국노라는 평가를 받았다.

한국의 상황에도 영향력을 가지고 있었다. 1882년 임오군란으로 대원군이 재집권하자 조선의 명성황후 측의 요청으로 군대를 보내 대원군을 납치해 톈진에 감금했으며 부하 위안스카이袁世凱(1859~1916)를 조선에 파견해 청의 이권을 대표하도록 한다. 그의 사후 위안스카이는 쑨원과 손을 잡고 중화민국을 세웠으나 황제가 되려다 죽었고 상당수의 부하들은 군벌이 되었다. 40여 년 후 아더 허멜Arther Hummel은 리훙장에 대해 "보수적인 국민, 반동적인 관리, 무한한 국제경쟁이 끝없이 만들어내는 엄청난 어려움에 닥친 나라를 위해 할 수 있었던 모든 일을 다한", "항상 진보적이면서도 인내심 있게 설득했지만, 피하려면 피할 수 있었던 실패에 대한 비난을 다 감수하는 것이 그의 운명이었다"[65]라고 평했다.

그가 죽고 60여 년이 흐른 뒤 그의 무덤은 홍위병에 의해 파헤쳐졌고 시신은 트랙터에 매달려 다 없어질 때까지 끌려 다녔다. 자신의 사후 운명에 대해 알고 있었을까? "나를

65 Eminent Chinese of the Ch'ing Period. II. Washington, D.C.: Government Printing Office, pp. 470~471, 영문 위키피디아에서 재인용.

상하이, 시간을 걷는 여행

알고 나를 평하는 것은 천 년이 걸릴 일이다知我罪我, 付之千載"라는 말을
남겼다. 리훙장의 맏딸이 소설가 장아이링의 할머니다.

딩샹화원에서 나와 오른쪽으로 돌면 스페인하우스 건축군이 나온
다. 1호 건물에서는 중화민국의 초대 총리가 살았는데, 공산당과 일본에
대해 모호한 태도를 취하다가 장제스가 보낸 자객에게 암살당했다. 난
세를 당했다면 정치가는 입장을 분명히 하거나 아니라면 아예 사라지
는 것이 낫다. 4호 건물은 중국 현대의학의 개척자 안복경이 살던 집이
다. 최근까지 세 가구가 살았는데 지금은 디자인 회사가 입주해 있다.

여기에서 바진巴金이 살던 집으로 가서 우캉루로 언덕을 내려가면
여러 옛 건물을 만날 수 있다. 나는 동선을 프랑스인이 많이 살던 안푸
루 쪽으로 잡았다. 여기에도 정취 가득한 옛 건물들이 여럿 보인다. 우
루무치중로를 따라가다가 쌈지공원을 만났는데 앞이 미국 총영사관, 뒤
가 EU 총영사관이다. 근처 점석재소연點石齋小宴에 들러 저녁을 먹었다.
간판과 입구가 서예가인 주인을 닮아 세련되고 멋지다.

리훙장은 죽기 하루 전 임종시를 남긴다. 그가 와병 중이던 1900년 의화단의 난이 일어나 서양인들과 중국인 기독교인들이 야만적으로 학살당하는 사건이 벌어진다. 그에 대항하여 8국 연합군이 조직되어 베이징을 점령하고 자금성紫禁城을 포함한 전역을 파괴 약탈한다. 심지어 한 친왕 가문의 여인들이 8국 연합군에게 강간을 당해 온 가족이 집단 자살하는 일도 벌어진다. 제국의 운명이 경각에 달린 끔찍한 상황에서 서태후의 부탁으로 1901년 8국과 협상 끝에 불평등조약을 맺는다. 이 조약체결로 중국은 대부분의 주권을 잃고 반식민지로 전락한다. 8국군은 철군을 결정하고 그는 다음날 죽는다. 임종 전에 이 시를 썼다고 전한다.

勞勞車馬未離鞍　애쓰고 애써 마차에선 아직 안장을 떼지도 못했는데

臨事方知一死難　일에 임해 점차 알게 되니 한번 죽기 어렵구나

三百年來傷國步　삼백 년 이어온 나라 걸음 다쳤으니

八千里外弔民殘　팔천 리 밖에선 백성 죽어가는 것을 위로하네

秋風寶劍孤臣淚　가을바람 보검에 외로운 신하 눈물 흘리고

落日旌旗大將壇　해는 지는데 내려주신 깃발은 대장의 단에 있네

海外塵氛猶未息　해외의 전란은 오히려 아직 그치지 않았으니

諸君莫作等閒看　그대들은 등한한 짓 하지 말기를

5

새로운 시대

#1

신탠디, 쟈오통대학의학원과 탠즈팡

X

신중국의 탄생지, 젊음이 꾸밈없이 발산되는 곳

아내가 상하이로 합류하고 나서 첫 나들이었다. 푸싱공원, 신탠디, 쟈오통대학의학원, 탠즈팡까지 걸어서 돌아봤다. 2002년 봄, 신탠디, 우리말로 신천지인 이곳에 처음 왔을 때는 중앙에 위치한 카페 4개가 전부였다. 그땐 저녁 8시쯤 커피를 마시러 갔었는데 손님은 싱가포르 출신 동료, 그의 현지인 친구, 그리고 나. 적막하기 이를 데 없는 동네였다. 주위는 깜깜했고. 불과 16년이 지난 지금은 그야말로 천지개벽했다. 평일이든 주말이든 상관없이 젊은이들은 제각기 한껏 멋을 부리고 와 신천지의 수백 개에 달하는 쇼핑몰, 음식, 문화 명소로 이루어진 코스모폴리탄 문화를 즐긴다. 외국인들은 서구문화와 전통문화가 절묘하게 뒤섞인 이곳에서 신중국이 만들어가는 새로운 분위기를 경험한다.

　대한민국 임시정부 건물은 신천지 지하철역 6번 출구에서 중심가 쪽으로 150m 떨어져서 보경리寶慶里 리문으로 들어가 오른쪽에 있다. 2010년 무렵까지 추레한 모습이어서 마음 아팠는데 지금은 온 동네가 말끔하게 옛 모습을 찾았다. 이곳에서 대한민국 임시정부는 1919년부터 1932년까지 험난한 환경 속에서도 헌법을 제정하고, 정부와 의정원을 구성하고, 히로히토 암살을 시도하고, 일본육군수뇌부를 격멸하는 데까지 이른다. 신천지에는 공산당 창당 대회가 열린 곳이 있다. 중국 정부는 이곳을 중심으로 신천지를 개발했고 기념관도 지었다. 많은 이들이 기념사진을 찍는다.

　그 옆 야상해夜上海, 현지 발음으로 '예 상하이'란 중국 체인음식점에서 점심을 먹었다. 맛은 괜찮은데 양이 작아 둘이 가더라도 네 개 정도 음식을 주문해야 한다. 음료를 포함한다면 가벼운 식사라도 서울의 좋은 식당 정도로 예산을 잡는 것이 좋겠다. 식당을 나와 보니 벽을 말끔하게 벽돌로 마감한 모습이 인상적이다. 신천지에서 걸어서 10분 거리에 교통대학의학원이 있다. 1896년 성요한대학의학원으로 개설된 이 대학은 다른 의과대학 세 개를 합병하여 지금의 의학원이 되었다. 78학번 졸업생들의 40주년 재상봉 행사가 열리고 있었다. 건물들은 깔끔하다.

아시아의 하버드대학으로 불리며 성가가 높던 성요한대학은 1952년 폐교되어 쟈오통대학, 푸단대학 등 8개 대학으로 분산되어 합병되었다. 중국 현대의학 교육의 아버지 안푸칭安福慶, 소설가 장아이링張愛玲, 문필가 린위탕林語堂, 송 씨 세 자매의 형제이자 국민당 정부 재정부장을 지낸 금융가인 쑹쯔번宋子文이 이 학교 출신이다.

교통대학에서 다시 남쪽으로 걸어서 10분 거리 타이캉루泰康路에 젊은이들이 좋아하는 탠즈팡이 있다. 우리말로 전자방田字坊, 한자 田字처럼 잘 구획된 마을이란 이름인데 소품들을 파는 가게들, 카페가 어우러진다. 요즘 서울에서 재개발되어 젊은이들을 끌어들이는 익선동과 비슷하다. 여기도 5년 반 전에 왔을 때보다 깨끗하게 정비되었다. 탠즈팡에는 1930년대에 스쿠먼(석고문石庫門) 양식으로 지은 건물이 제법 있다. 스쿠먼은 1860년대에 처음 나타난 양식으로 영국인들이 상하이에 지은 건축물의 디자인 요소를 전통주택에 적용해서 창조한 건축양식이다. 신탠디의 건물 대부분은 스쿠먼 양식이다. 중국은 곳곳에서 계속 진화하는 중이다.

상하이, 시간을 걷는 여행

2

헝샨루와 쉬쟈휘공원

X

현대건축의 시원, 새로운 문화가 끝없이 모색되는 곳

중국 현대건축의 시원

국경일 연휴 마지막 날엔 큰아이가 추천한 헝샨루를 가보기로 했다. 우선 점심을 먹으러 샹양난루襄陽南路 쪽으로 괜찮은 식당을 찾아 걸어간다. 아근주가阿根酒家란 식당이다. 내장과 집게다리를 제거하고 통째로 당을 입혀 튀긴 새우요리인 침향원보하沈香元寶蝦가 신선하고 맛있어서 껍질

째로 먹었다.

형샨루 전철역에서 내려 안팅安亭빌
라로 가는 중간에 특이한 골목이 보여
들어가 보니 동네가 예쁘다. 이름하여
영평리永平里. 옛 프랑스 조계지의 매력
을 한껏 살렸다. 영평리를 떠나며 생각하니 중국인들의 지명 작명에 뭔
가 집히는 데가 있다. 길 이름에는 다른 지방 이름을 붙인다.

가까운 도시 이름을 딴 난징루, 샹양루, 닝보루는 물론이고 멀리 떨어
진 지방 이름을 따 우루무치루, 시장루, 산시루로 지어 사람들로 하여금
국가 정체성을 인식하도록 한다. 동네 이름에는 평화와 번영을 기원하는
이름이 많다. 영평리는 '영원히 평화로워'라는 의미, 숙소 근처의 지명인
영강리는 '영원히 평강하라'는 의미, 홍순리는 '잘돼서 순하라'라는 의미
다. 말 그대로 안녕촌이 있고 아예 행복리라고 붙인 데도 있다.

상하이, 시간을 걷는 여행

　　영평리에서 200m 남짓 떨어진 곳에 안팅빌라가 있다. 안팅비엣
수. 안정별서. 안팅빌라. 이 건물 자리에는 중국현대사에 큰 족적을
남긴 바오딩육군군관학교保定陸軍軍官學校의 초대교장인 장바이리蔣百
里[66](1882~1928)와 중국 우주항공의 아버지 첸쉐썬錢學森의 아내가 된 그
의 딸이 살던 집이 있었다. 1914년 바오딩육군군관학교를 졸업하고
1920년대에 장제스와 자웅을 겨루던 탕성즈(唐生智, 1889~1970)가 은사인

---

66 저장성 출신으로 1901년 일본육사에 입학했다. 1906년 독일유학 후 1912년 바오딩군관학교 교
장으로 부임했다. 1913년 정부지원이 부실하여 정상적인 교육이 불가능하자 전교생 2천 명을 소집
하여 후일을 제군들에게 맡긴다고 연설한 후 권총자살을 시도하나 한 교관이 저지하여 총알이 심장
을 빗나가 살아났다. 이후 정부 지원이 시작되어 교육이 정상화되고 후일 이 학교 출신들이 중일전
쟁에서 정예병력으로 활약하는 전기가 된다.

장바이리에게 마련해준 집이다. 장바이리는 장제스의 반대편에 섰다가 투옥되어 생활고를 못 이기고 집을 판다. 그 자리에 리금포이란 건축가에게 의뢰하여 지은 건물이 1호 건물이고 2, 3호 건물과 합쳐 화원주점이란 이름으로 호텔을 운영하고 있다. 1호 건물이 1936년에 완공된 가장 유서 깊은 서양식 건물로 테라스와 열주회랑이 기품 있게 아름답다.

후난 사람인 탕성즈는 쑨원을 추종하던 사람으로 1920년대 초 후난의 군벌이 되고 1926년에 국민당에 합류, 중화민국 주력군의 사령관이 되어 장제스의 경쟁자로 부상한다. 이후 1937년 2차 중일전쟁 당시 8월부터 3개월간 벌어진 상하이 전투에서 중국군의 정예와 대치하

상하이, 시간을 걷는 여행

며 18,000여 명의 전사자를 낸 일본군이 악에 받쳐 난징을 공격한다. 중국 지도부는 충칭으로 천도를 결정하고 탕성즈는 유일하게 난징사수를 주장하여 방어군 사령관이 되나 상하이전투에서의 고전을 만회하기 위해 독가스까지 살포한 일본군에게 사흘 만에 함락된다. 이후 일본군이 벌인 살육, 강간, 약탈의 지옥도는 난징대학살로 잘 알려졌다. 탕성즈는 그후 실권을 잃고 후난성 인민위원장으로 지내다가 공산당으로 전향한다. 중화민국 군지도부 중 유일하게 인민해방군의 지도자가 되지만 문화대혁명에 반대하여 1969년에 수감되었다가 1970년에 사망하고 이후 1981년에 복권된다. 파란만장한 인생이다.

입구에서 강한 인상을 준 3호 건물을 조금 더 보고 난 후 안팅빌라에서 나와 헝샨호텔 쪽으로 걸어간다.

헝샨호텔은 1934년 프랑스 금융회사인 만국 저축회가 건축가 Rene Minutti에게 의뢰하여 1936년에 Pacardie 아파트로 완공된 상하이의 첫

모더니즘 양식 건물이다. 1950년대까지 주택으로 사용되다가 1960년대에 호텔이 되어 상하이에서 가장 오래된 오성급 호텔로 알려졌다. 상하이 사람들이 외부 문화에 대해 개방적인 태도를 보이는 데는 이런 건물들의 존재가 큰 역할을 했다. 이 근처 케빈 커피집에 들러 커피를 주문했는데 인스턴트커피를 타서 가져다준다. 가격은 스타벅스보다 비싸다. 희소성의 가치가 여실히 증명된다.

쉬쟈휘공원과 헝샨루

쉬쟈휘공원은 상하이에서 가장 최근인 2000년에 지어진 공원이다. 불과 20년 전까지 대형타이어 및 고무 공장이 있던 곳에 자리 잡고서 옛 흔적을 1926년에 지어진 굴뚝으로 남겼다. 다양한 건축물, 조각, 조경, 조형물로 이미지와 메시지를 전달한다. 황포강과 옛 시가지를 형상화한 올드시티 구역을 지나 공원을 가로지르는 스카이워크를 걸어가면 옛 굴뚝 타워가 나타난다.

상하이, 시간을 걷는 여행

　　공원이 끝나는 곳에서 건너다보이는 형산방 믹스플레이스는 아이들이 추천한 곳이다. 다양한 문화와 취향이 어우러져 독특한 분위기를 풍긴다. 현대중국이 만들어내는 이미지를 이해하고 싶다면 반드시 와야 할 곳이다. 여전히 구미, 한국이나 일본보다 다소 서툴어 보이지만 유구한 역사와 인문지리적 다양성에 바탕을 둔 광대한 콘텐츠, 최근 다양한 분야에서 두각을 나타내는 독창적인 역량 등을 미루어 보면 세계문화를 선도할 만한 잠재력은 무궁무진하다고 봐야 한다.

　　근처 맥도널드에서 저녁을 먹고 귀가하려는 참인데 쉬쟈휘의 명물인 대형 지구본에 불이 켜졌다. 많은 사람들이 육교 위에서 사진을 찍는다. 중국인들은 야간 조명을 다루는 데 아주 능숙하다. 송대 이래 산업을 발전시키며 경험한 풍요로움에서 나온 노하우일 것이다. 우리나라도 진지하게 배우고 적용해볼 만하다.

3

완먀오 거리

×

전통문화를 보존하려는 중국인들의 시도

상하이 지역에는 송나라 때 상해시市라는 시장이 생겼다. 1277년 상해진이 되고 1292년 송강부 소속의 상해현으로 승격하면서 문묘文廟가 생긴다. 문묘(완먀오)는 공자의 사당으로 그 의미는 '문선왕文宣王의 사당'이다. 상하이 문묘는 한국의 여느 향교처럼 문묘만이 아니라 향교와 같이 있다. 규모는 어림짐작에 전주향교나 경주향교와 비슷하며, 입장료를 받는다. 우리나라의 경우 일제시대인 1918년 조사에서 335개가 넘는 향교가 있었고 한국민족문화대백과 사전에 따르면 전체 정원이 15,330천 명으로 정원에 구애받지 않는 16세 이하의 동몽을 포함하면 2만 5천 명 정도로 추정된다.

입구에는 완먀오를 중건하는 데 500위안 이상 기부한 사람들의 명단을 새긴 대성비가 벽 속에 자리한다. 2008년 문묘를 복원한 기념으로 세웠다. 1990년대 초만 해도 공자 사상의 해악에 대한 공개적인 비난이 난무했었으니 천지개벽에 견줄 대변화이다. 1994년 가을 내 또래의 중국인 고위 공무원과 한 달간 한집에서 숙식을 같이했었는데, 그때 논어가 무슨 책인지도 몰랐다. 일요일에 대성전 앞마당에서 중고책시장이 열리는데 입장료는 1위안이다.

상하이의 문묘에는 만세사표萬世師表 공자의 칼을 찬 동상이 있다. 공자의 진영은 없지만 용모를 묘사한 글은 꽤 남아 있다. 그에 근거하여 당나라 때 화가인 오도자가 그린 공자상이 표준화되었다. 대부분의 공자상은 그에 근거한 것이다. 우리나라 유학자 중에서는 남명 조식이 평생 칼을 차고 다녔으며 심지어 대궐에도 칼을 차고 들어갔던 것으로 유명하다. 그런 그의 제자들 중에서 곽재우와 같은 의병장이 나왔다. 문무

겸전의 가치는 어느 시대나 존중받아 마땅하다. 대성전에는 한국과는 다르게 위패가 아니라 조상이 모셔져 있고 '聖集大成 聖協時中 德齊幬載'이라 쓰인 편액들이 걸려 있다.

성집대성聖集大成은 맹자 만장하孟子 萬章下에서 딴 구절을 가경제嘉慶帝(1760~1820)가 1799년에 썼다. 이 구절에서 금성옥진金聲玉振, 선과 덕의 완전한 합일체를 이르는 사자성어와 집대성이라는 단어가 유래했다.

伯夷, 聖之淸者也	백이는 맑음의 성스러운 자이고
伊尹, 聖之任者也	이윤은 맡음의 성스러운 자이고
柳下惠, 聖之和者也	유하혜는 조화로움의 성스러운 자이고
孔子, 聖之時者也	공자는 때에 맞음의 성스러운 자이니

孔子之謂集大成.	공자를 일컬어 모두어 크게 이루었다고 한다.
集大成也者,	모두어 이뤘다는 것은
金聲而玉振之也.	편종이 소리를 내면 편경이 받아 울리는 것.

성협시중聖協時中은 중용 2장에서 딴 구절을 도광제道光帝(1782~1850)가 1821년에 썼다.

君子之中庸也. 君子而時中

군자의 중용이란 것은 군자다우며 때에 맞기 때문이다.

덕재도재德齊幬載는 중용 30장에서 딴 구절을 함풍제咸豊帝(1831~1861)가 썼다. 덕이 천지를 닮아서 모든 것을 포용한다는 의미이다.

仲尼, 祖述堯舜, 憲章文武, 上律天時, 下襲水土, 辟如天地之無不持載, 無不覆幬.

중니께서는 요순의 도를 이었고 문왕과 무왕의 법도를 지켜 위로는 하늘의 규칙을 따르고 아래는 물과 땅의 움직임을 받아들였으니 하늘과 땅이 돕고 채워주지 않는 것이 없음과 같고 덮고 가려주지 않는 것이 없음과 같다.

대성전 앞 나무에는 사람들이 소망을 종이나 헝겊에 적어 달아놓았다. 공자가 기복의 대상이 된 것은 중국문화에 나타난 새로운 양상을 보여주는 듯하다. 대성전 옆으로 한 블록 들어가면 옛 이름이 존경각인 장서루가 있어서 사서오경을 위주로 진열해두었다. 향교이니 사서오경, 주해서, 사기, 통감 등 역사책을 가르쳤다.

존경각 앞과 회랑에는 수석이 있는데, 이는 추상적인 형태에서 개념을 끌어내는 사고훈련에 유용했기 때문으로 보인다. 그 앞의 강당인 명륜당은 넓직해서 강당으로 쓰기에 적합하다. 오른쪽 당우의 이름이 로맨틱한 청우당聽雨堂이다. '비를 듣다'라는 의미인데 다른 절이나 원림에서도 많이 나타나는 이름이니 중국인들의 탁월한 공감각을 보여주는 사례이다.

그 앞에는 의식에 사용하는 문인 의문儀門이, 그 옆에는 수조와 화분이 있다. 상해 완먀오에는 특이하게도 학교인데 은행나무가 없다. 동양의 모든 전통학교에는 공자의 학교전통을 이어받아 은행나무를 심는 일이 당연한데 여기는 아마도 문화혁명 때 훼손되었을 것으로 추측된다.

　명륜당 옆 구역으로 들어가면 멋진 누각들이 나타난다. 유학서儒學署,
식당, 괴성각魁星閣이다. 옛 유학서는 다호박물관으로 사용된다. 찻주전
자를 여기서는 '다호茶壺'라 부른다. 유학사 앞에는 수령이 무려 200년인
베고니아 고무나무가 있는데, 그 둥치를 인공적으로 넓혀 조형미를 더
했다. 다른 곳에서도 이런 사례를 흔히 보았으니 중국인들이 발전시킨
조경 기술이다. 다호박물관 가운데에는 커다란 壺자를 액자에 걸어놨고
200명은 마실 수 있는 커다란 찻주전자가 있다.

　식당 건물은 서예활동에 쓰인다. 괴성각은 3층 누각인데 주위에는 등
나무, 계목, 일본금송 등 독특한 나무들이 200년의 풍상을 견디고 살아
있다. 괴성魁星은 북두칠성을 일컫는 말이다. 계화목檵花木은 10월에 강

남지역에서 온 천지를 꽃향기로 감싸는 계화桂花나무와 한자가 다르다.

완먀오에서 나와 이슬람 사원인 청진사淸眞寺 근처 상하이회관上海會館에서 같이 간 후배와 둘이서 점심으로 감자국수, 게살청경채, 혼돈餛飩을 먹었다. 이제 청진사로 간다. 육교에서 보이는 사원은 여자들을 위한 사원이다. 본사의 바깥 간판은 한자, 안쪽에는 아랍어를 쓴다. 본당과 강습처에는 한자와 아랍어를 혼용한다. 살펴보니 남성 신자들은 모두 수염을 기른다. 이들이 어떻게 문화혁명을 견뎠을지 궁금해진다.

짧은 관람을 마치고 완상화뉴시장萬商花鳥市場(만상화조시장)으로 간다. 수백 년 된 취미용품 시장이다. 이곳에서 파는 귀뚜라미는 중국인들이 가장 사랑하는 곤충이다. 온순한 성격에 정취 어린 울음소리가 사랑을 받는 이유이기도 하나 영역을 지키는 데 민감한 특성을 이용한 귀뚜라미 싸움이 그 어두운 측면이다. 경제가 크게 발전했던 송나라 때는 귀뚜라미 싸움을 활용한 도박장까지 개설되어 심각한 사회적 문제가 되기도 했다. 앵무새도 가장 인기 있는 완상품 중 하나다. 거북이와 청개구리,

상하이, 시간을 걷는 여행

도롱뇽, 생쥐, 금붕어, 꽃, 갓 부화한 귀뚜라미도 있다. 갓 부화한 귀뚜라미 유충은 5위안이고 큰 놈은 55위안이다. 이렇듯 별의별 것을 다 파는 시장이라고 해서 만상화조시장萬商花鳥市場이란 이름이 붙었다.

　　이제 시장을 나와 숙소로 돌아가는 길에 라오시먼역老西門站 근처 차 광장에 들른다. 많은 상점들이 녹차, 우롱차, 백차, 황차, 보이차, 홍차, 재스민차 등을 각자 자기만의 제법으로 만들어 판다. 침향을 파는 가게도 있다. 진품이면 대단히 귀한 물건인데 진열해뒀다. 山里來茶라는 상

점에 들러 황차를 마셨다. 푸젠성의 황차라고 하는데 구수한 풋냄새를
장점으로 삼는 다른 황차와는 좀 다르게 묵힌 맛이 난다.

4

상하이 자전거 도로와 공유자전거

×

새로운 시대에 맞는 변화의 모색

상하이에 온 지 나흘째. 이제서야 풍경이 눈에 들어온다. 쟈산루역嘉善路站 근처 숙소에서 셔틀버스 정류장까지 10분 남짓 걸어 가는 출근길 옆 자전거 도로는 사흘 동안은 출근길이 맞는지 확인하느라 온 정신을 쏟은 탓에 눈에 들어 오지 않았다. 세 차선 중 하나는 자동차 진입이 아예 불가능한 자전거 도로다. 이십 년 전엔 모든 길을 자전거로 채웠는데 3분의 1로 줄어든 셈이다. 자동차가 두 차선을 차지한다.

상하이 도착 닷새 후부터 전능차全能車라는 앱을 통해 매월 9.9위안씩 내고 ofo자전거를 탔다. 가입 시 실명인증이 필요하고 외국인은 여권을 촬영해서 앱으로 제출해야 한다. 가입 후 자물쇠에 붙은 QR코드를 핸드폰으로 스캔하면 자물쇠 패스워드 네 자릿수가 핸드폰 화면에 뜬다. 패스워드를 자물쇠에 붙은 키보드에 입력하면 자물쇠가 열린다.

노란색의 ofo공유자전거는 2014년 베이징대학교 사이클동호회 회원이던 젊은이들이 모바일기반 플랫폼을 활용하여 창업한 회사이다. 중국 대도시에서 대단한 성공을 거두었고 그 이후 몇 개의 미투브랜드들이 시장에 진입해서 치열한 경쟁을 벌인다. 중화예술궁에 전시된 〈공유자전거예찬〉이란 작품은 중국인들의 공유자전거에 대한 자부심을 잘 표현한다.

중국 정부는 적극적으로 공유자전거 사업모델을 장려하고 있어서 이미 베이징과 상하이 등 성급 도시 지역은 포화상태에 도달한 것으로 보인다. 항저우 같은 부성급 도시나 쑤저우 같은 지급시들에서는 지방정부가 공유자전거를 운영하고 있어서 중국 내 확산에는 제약이 있다. 그러한 제약을 넘어서기 위해 ofo는 미국과 한국 등 해외시장에 진출했다. 초기의 대성공에도 불구하고 최근에는 자전거 관리의 부실화와 경쟁격화로 인한 가격하락으로 어려움을 겪고 있다. 2018년 5월에 본 ofo 거치장과 일반자전거 거치장을 비교해봤는데 11월에는 ofo자전거가 거치대에서 거의 사라졌다.

　상하이, 난징, 쑤저우나 작은 지방도시를 포함하여 지켜본 바로는 지방 정부에서 운영하는 공유자전거는 해당 지역주민에게만 허용되는 듯한데 민간기업에서 제공하는 공유자전거와 비교하면 활용도가 극히 낮다. 주민들의 세금을 거둬서 운영하는 지방 정부 서비스가 이용자들이 돈을 내서 타는 공유자전거보다 못하다는 것은 너무나 자명하다.

　어느 사회든 권력을 잡은 사람들은 공동의 재화를 선의든 악의든 본인이 원하는 대로 쓰고 싶어 한다. 그게 사람들이 원하는 결과를 내지 못하는 것도 당연하다. 천재가 시장을 도울 수는 있겠지만 어떤 천재라도 시장보다 나을 수는 없는 법이니까. 그리고 대부분의 권력자들은 천재가 아니다.

푸동의 야경

X

21세기 중국이 만드는 새로운 풍경화

　　상하이의 황포강 동쪽에 자리하여 우리 발음으로 포동이라 불리는 이곳 푸동은 1990년대 이후 개발된 신도시이다. 1970년대 말부터 개발된 서울의 강남과 유사하다. 그러나 서울 강북의 배후가 휴전선에 막혀 정체됨으로써 강남이 개발 수요를 떠맡아 서울 인구를 50% 이상 흡수한 것과 달리 푸동은 동쪽이 바다로 막혀 상하이 인구의 10% 정도를 차지하는 수준으로 발전이 제한적일 수밖에 없다. 그럼에도 불구하고 푸동신구는 15개 부성급 행정구역의 하나로 난징, 항저우 등 유수한 도시들과 같은 지위를 누리고 있다.

　　상하이에 처음 왔던 1990년대 말의 푸동지역은 동방명주 타워가 막

지어진 후여서 사용 중인 건물은 별로 없고 몇 개 빌딩이 여전히 건설 중이었다. 3, 4년 뒤 가보니 동방명주 주위로 진마오金茂 타워를 비롯한 몇 개 건물이 더 생겼고 그로부터 3, 4년 뒤엔 WFC 건물이 세워졌다. 그 무렵 포동지역에는 50층이 넘는 건물들이 즐비해 다른 국제적인 도시에 비해 손색이 없다고 느껴졌다. 그게 불과 십 년 전이다. 그후로도 몇 번 더 상하이에 왔었지만 대부분 옛 시가지에서 일을 보고 말았던 터라 큰 변화를 느끼지 못했다.

서울에서 놀러 온 아이들과 위위앤, 구청공원古城公園을 거쳐 와이탄 위앤까지 둘러봤다. 아이들이 푸동에서 저녁을 먹고, 야경보기를 원해서 루쟈주이陸家嘴의 IFC몰로 이동해 지하 식당가의 와이포쟈金牌外婆家에서 저녁을 먹었다. 저녁을 먹은 후 9시쯤 밖으로 나왔는데, 눈앞에 압

도적이고 전위적인 야경이 펼쳐졌다. 상상도 못 했다. 왼쪽부터 WFC, 진마오 타워, 상하이 타워로 각각 상하이의 2, 3, 1위 초고층 빌딩들이다. 1990년대 후반부터 10년 정도 시간을 두고 지어졌다. 진마오 타워에서 피어오르는 구름은 아마도 인공구름일 것이다. 이 풍경은 2000년대 중반쯤에 완성된 듯하다.

중국인들은 화려한 야경에 대한 집착이 대단하다. 야경을 즐기기 위한 고가인도를 만들었는데 상하이 타워 근처에서 동방명주 근처 환형 고가인도로 이어진다. 원형녹지를 중심으로 고리처럼 둘려진 환형고가 인도에서 내려다본 풍경이다. 구호의 뜻은 "牢記使命 爲民族 謀復興-되새기자 우리의 사명, 민족을 위해 부흥을 도모하자." 사방으로 인도가 이어져 이 일대를 둘러보기 참 편리하다. 10시가 되자 디즈니의 시계탑에선 디즈니의 유명한 캐릭터들이 줄지어 나와 작별을 고한다. 내 생각에 디즈니는 중국인들의 화려한 야경에 대한 선호와 가장 잘 어울리는 상품이지 싶다.

이 전위적인 21세기 풍경이 주는 함의에 대해 가끔 생각해본다. 딱히 떠오르는 개념은 없지만 중국 정부에서 중국인들에게 경제발전의 결실로 '보여주고 싶은 성취'로서 푸동지역에 중요한 역할을 부여한 것 같다. 마치 파리의 개선문이나 라데팡스, 워싱턴의 오벨리스크, 런던의 대영박물관처럼 말이다. 성취를 공유하고 함께 기념하는 일은 긴요하다. 한국이 지난 70년간 이룬 기적의 성취를 기념할 만한 무엇인가가 필요하다는 생각을 하게 된다. 우리나라도 사람들이 동의한다면 인천이든 부산이든 한 도시의 한 구역을 택해 화려한 야경을 만들어보면 어떨까 싶다. 다만, 과시에 지나친 비용을 쓰는 것은 한국의 현실에는 맞지 않는다.

산시난루 일대의 대학들

X

새로운 미래를 여는 중국인의 태도

음수사원

추석 연휴 첫날, 그동안 숙소 근처에서 잘 살펴보지 못한 대학교들을 둘러봤다. 내가 이해한 바로는 중국 전통교육의 가장 중요한 기본 가치 중 하나는 음수사원이란 구절에서 잘 나타난다. 이 구절은 남북조시대 양나라 출신 유신庾信(513~581)의 궁상각치우周五聲調曲 치조곡徵调曲 여섯 수 중 여섯 번째 배율시에서 나왔다. 「치조」는 솔과 같은 음계이다.

徵调曲 六	치조곡 6

正陽和氣萬類繁	바른 빛과 어울린 기운으로 만물이 번성하면
君王道合天地尊	군주는 도에 맞아 천지가 우러르리
黎人耕植於義圃	뭇사람 반듯한 밭에서 일하면
君子翺翔於禮園	군자는 예의 뜰에서 날게 되리
落其實者思其樹	그 과실을 따는 자 그 나무를 생각하고
飮其流者懷其源	그 물을 떠 마시는 자 그 샘을 생각하네
咎繇爲謀不仁遠	구요[67]가 감화하니 나쁜 인심 멀리 갔고
士會爲政羣盜奔	선비 모여 다스리면 도적 떼 도망가네
克寬則昆蟲內向	너그러움을 이루면 곧 곤충이 속으로 들고
彰信則殊俗宅心	믿음을 드러내면 곧 풍속이 바뀌어 마음 연다네
浮橋有月支抱馬	뜬 다리에는 달이 떠 말을 안고 가고
上苑有烏孫學琴	윗 뜰에는 까마귀 날아 거문고를 배우네
赤玉則南海輸贐	붉은 옥은 곧 남해가 보낸 보물
白環則西山獻琛	흰 가락지는 서산이 바친 보배
無券鑿空於大夏	큰 집에선 살 곳 뚫는 노고가 없고
不待觡角於蹻林	깊은 숲에선 사냥감 기다릴 필요없네

---

67 중국에서 요순우 3왕을 섬긴 명신으로 다섯 가지 형벌과 다섯 가지 가르침을 창시했다는 전설상의 인물이다.

이 시는 남북조시대의 뛰어난 시인이자 정치가인 유신庾信(513~581)이 양나라의 사신으로 서위에 가 있는 동안 서위가 양을 멸하고 뒤이어 북주가 서위를 멸한 후 북주에서 억류생활을 할 때 지은 시다. 북주황제의 덕을 찬양하면서 어질고 너그러움, 태어난 곳에 대한 그리움을 인간의 올바른 심성으로 표현하며 귀국을 허락해줄 것을 호소하고 있다. 음수사원의 어원이 되는 '飮其流者懷其源'가 바로 그 구절이다.

이 시는 중국인들의 전통가치를 잘 요약했다. 정양正陽(바른 빛), 화기和氣(어울린 기운), 의포義圃(반듯한 밭), 근원, 고요(음악), 사회士會(선비들의 합의), 너그러움, 믿음 등이 그것이다. 이런 가치가 현대에도 존중되느냐, 또는 옳은가는 차치하고 이러한 가치가 중국인들의 일상에서 중요한 역할을 해왔다는 점은 의심할 여지가 없다.

유신이 북주에 체류하는 동안 북주 또한 외척인 수문제에게 멸망해 결국 고국으로 돌아가지 못하고 수가 건국된 후 장안에서 사망한다.

세 학교—상하이 이공대, 음악학원, 쟈오통대학

첫 행선지는 숙소에서 걸어서 10분 거리의 상하이 이공대上海 理工大 부흥로 중영국제학원中英國際學院 캠퍼스이다. 이 캠퍼스는 독일인들이 독문학 의학 공학부로 건립한 후 독일이 패전한 1차대전 후 프랑스인들이 넘겨받았고 지금은 중국인들이 운영한다. 상하이 이공대학 소속으로 2006년 영국의 대학을 주축으로 9개 대학이 연합하여 만든 중영국제학원Sino-British College의 멤버가 되었다. 이 대학의 국제성을 잘 알 수

있겠다. 본교인 군공로軍功路 캠퍼스는 미국 남북침례교 연합선교회에서 1900년 고등학교로 개교한 후 1912년 대학으로 승격하여 호강대학滬江 大學으로 건립됐다. 두 대학이 1997년에 합쳐져 상하이 이공대학이 되었으니 독일, 미국, 프랑스, 중국, 네 나라의 노력이 합쳐진 결과물이다. 입학처는 지붕 위의 시계가 보여주듯 전형적인 독일 건축양식이 잘 반영되었고, 여학생 기숙사가 그 옆에 자리 잡았다. 운동장은 학생들로 활기차다.

상하이 음악학원上海音樂學院으로 이동한다. 중국 근대교육의 태두인 차이위안페이가 초대 원장으로 음악교육가 샤오유메이蕭友梅와 함께 1927년 공동으로 설립한 공립대학이다. 차이위안페이의 동상이 있다.

내가 가기 바로 전 주에 제11회 당대음악주간 행사가 있었다. 시사평론가로 유명한 진중권의 누나 진은숙이 음악주간의 Resident Composer 중 한 사람으로 참여했다. 폐막음악회는 홍콩창악단香港創樂團이 진은숙의 작품만으로 구성했다. 진은숙은 12년간 서울시향의 상임작곡가로 있다가 2017년 말 계약이 종료됐다.

음악실이 있는 전가루專家樓의 풍경은 음악가에게 잘 어울리는 감수성으로 충만한 정경이라 할 만하다. 그 왼쪽 옆으로는 단층이라 아담하지만 아름다운 교수 휴게실이, 오른쪽 옆으로는 1910년대에 유대인 클럽으로 지어졌지만 지금은 다양한 용도로 쓰이는 유서 깊은 2층 건물이 있다.

상하이, 시간을 걷는 여행

　산시난루陝西南路역으로 가서 전철로 쟈오통대학交通大學 쉬휘캠퍼스로 이동한다. 쟈오통대학 도서관은 선통제 재위(1908~1912) 시 상원上院이란 이름으로 지었고, 1954년 신상원으로 이름을 바꿔 소련 건축양식으로 재건했다고 한다. 바로 앞 교정의 잔디밭과 숲은 관리가 잘 되어 있어서 깨끗하고 가지런하다.

정문 근처 기숙사 앞 분수대에서 음수사원 구절을 보았다. 중국 오천 년 역사의 저력이다. 역사를 잊은 족속에게 미래는 없다. 그 옆에 기숙사 건립 유래를 기록한 석비가 있는데 1930년 졸업생들이 출연하여 1933년에 기숙사를 지었고 1979년과 2016년에 중수 재건되었다.

음수사원은 시진핑 주석이 박근혜 대통령과 정상회담을 하면서 언급해 우리나라에서도 꽤 유명해졌다. 중국인들의 지원을 받아가며 26년 동안 활동했던 임시정부를 생각해보면 미국과의 동맹에 전념하는 건 옳지 않다는 중국인의 생각을 에둘러 표현한 것이다. 1905년 을사조약 이후 일제침략기에 한국인과 중국인들이 함께 싸운 것은 명백한 사실이나 1950년 이후 1992년 한중수교까지 42년간 적대적인 관계였으니, 두 나라 모두 현명하게 이 어려운 시기를 함께 헤쳐나가면 좋겠다는 생각이다. 국악을 활용한 BTS '아이돌'의 세계적 성공이 보여주듯 음수사원은 우리 모두의 미래를 위한 소중한 가치이다.

상하이, 시간을 걷는 여행

미래가 어떤 모습으로 전개될지는 젊은이들에게 달렸다. 마지막에 대학을 돌아본 소감을 둔 이유다. 세 대학은 중국의 미래에 대한 비전, 예술 융성을 위한 전념, 국제적인 교류, 근원을 소중히 하는 가치를 보여준다. 과거를 영감의 원천으로 활용하여 미래를 모색하는 집단의 가능성은 무한하다.

마치는 글

2011년 우리나라로 와서 석 달 동안 함께 일했던 중국인 동료를 2012년 3월 상하이에서 만났다. 워낙 밝고 똑똑한 친구라 보고 싶었는데 그 기대를 저버리지 않고 즐거운 시간을 만들어준다. 그날 가져온 소품 중 하나는 이 동료가 중국으로 귀국할 때 여럿이 골라서 준 선물이었는데 잊지 않고 가져왔다. 참 세심한 마음 씀씀이다. 저녁을 같이하던 정경이 떠올라 썼다. 중국에는 그 영토만큼이나 다양한 사람들이 산다. 상하이를 중심으로 하는 강남사람들은 정이 많고 따뜻하다. 이러한 사람들을 이웃으로 가진 것은 행운이다. 두 나라의 따뜻한 관계가 영원하기를 기원한다.

상하이에서 옛 벗을 만나

봄비 차갑게 내리던 저녁 길목

기약하기 어려운 작별

하늘에서 쏟아지는 건

검은 진주일까 눈부시네

기꺼운 벗들과 기울이는 술잔 위로

짧은 한숨

긴 웃음과 깊은 미소

불빛에 쟁강거리는

투명한 대화

이 술집 이름이 옛 뜻이라니

차오르는 검은 시간이여

마지막 한잔은

내일로 미루는 것이

옳지 않을까

밤 깊으니 마음도 깊어지네

그대 있으라 나는 가리니

다시 만나리니

참고문헌

고궁일력古宮日曆, 2019년판, 고궁출판사.

난정집서蘭亭集序, 왕희지, 중국어 위키문헌 zh.wikisource.org, 2017.

동국이상국집東國李相國文集, 이규보, 고전번역원 원문, 1980.

동양미술사, 김청강, 을유문화사, 1981.

동양화 1000년, 허영환, 열화당, 1978.

메이지 유신이 조선에 묻다, 조용준, ㈜도서출판도도, 2018.

문화편지론文化偏至論, 루쉰, 월간河南 1908년 8월호, 1907년작.

바진 장편소설 家, 바진/박난영 옮김, 황소자리, 2006.

사기史記, 사마천, 중국어 위키문헌 zh.wikisource.org, 2019.

열하일기, 박지원/이가원 역, 고전번역원, 1968.

왕씨졸정원기王氏拙政園記, 문징명, www.szzzy.cn(졸정원 홈페이지), 2015.

유럽 도자기 여행, 조용준, ㈜도서출판도도, 2014.

전당시全唐詩, 팽정구 외 9인, 중국어 위키문헌 zh.wikisource.org, 2017.

조관희 교수의 중국현대사 강의, 조관희, 궁리, 2013.

중국예술의 세계, 마이클설리반 외/백승길 편역, 열화당, 1977.

중국회화사론, 최병식, 현암사, 1985.

처음 상하이에 가는 사람이 가장 알고 싶은 것들, 하경아, 원앤원
스타일, 2017.

케임브리지 중국사, 패트리샤 버클리 에브리/이동진, 윤미경 옮김,
시공사, 2014.

코카콜라의 신화, 프레데릭 앨런/현준만 옮김, ㈜열린세상, 1995.

특별한 상하이 여행, 주페이송/임화영 옮김, 이담북스, 2018.

한산자시집寒山子詩集, 寒山子, 중국어 위키문헌 zh.wikisource.org,
2016.

The Grand Canal, State Administration of Cultural Heritage of People'
s Republic of China, World Heritage Convention Cultural
Heritage Nominated by People's Republic of China, 2014.

The Project Gutenberg eBook, The Travels of Marco Polo,
Volume 2, by Marco Polo and Rustichello of Pisa, et al,
Edited by Henry Yule and Henri Cordier.

The Beauty of Calligraphy, Edited by Lin Jeng-yi, Acoustiguide
Asia Ltd., Taiwan Branch, 2014.

Wikipedia 한국어판/중국어판/일본어판/영어판, Wikipedia.org,
2019.

바이두 백과百度百科, baike.baidu.com, 2019.